BIM 建模与应用

主　编　张　鹤　张　莺
副主编　张赛威　王天鹏
参　编　刘子巍　吴建明　张铁山
主　审　贺　威

科学出版社

北　京

内 容 简 介

本书依据"1+X"建筑信息模型（BIM）职业技能等级证书考评大纲、BIM 标准规范编写，以目前使用广泛的 Revit 2016 中文版为操作平台，以《建筑工程设计信息模型制图标准》（JGJ/T 448—2018）和《建筑信息模型设计交付标准》（GB/T 51301—2018）为标准，全面介绍建筑建模方法和技巧。

本书可作为高职高专院校、成人高等学校土建类相关专业的教材，也可作为"1+X"建筑信息模型（BIM）职业技能等级证书培训教材，还可供"1+X"建筑信息模型（BIM）职业技能等级证书考试人员、BIM 技术员参考阅读。

图书在版编目（CIP）数据

BIM 建模与应用/张鹤，张莺主编. —北京：科学出版社，2023.2
ISBN 978-7-03-072973-6

Ⅰ.①B… Ⅱ.①张… ②张… Ⅲ.①建筑设计–计算机辅助设计 Ⅳ.①TU201.4

中国版本图书馆 CIP 数据核字（2022）第 154474 号

责任编辑：宋　丽　李程程 / 责任校对：赵丽杰
责任印制：吕春珉 / 封面设计：东方人华平面设计部

科学出版社 出版
北京东黄城根北街 16 号
邮政编码：100717
http://www.sciencep.com

北京九州迅驰传媒文化有限公司 印刷
科学出版社发行　　各地新华书店经销
*

2023 年 2 月第 一 版　　开本：787×1092　1/16
2023 年 2 月第一次印刷　　印张：19
字数：451 000
定价：63.00 元
（如有印装质量问题，我社负责调换〈九州迅驰〉）

销售部电话 010-62136230　编辑部电话 010-62130874（VA03）

前 言

辽宁生态工程职业学院于 2019 年 6 月成功入选教育部建筑信息模型（BIM）首批"1+X"证书制度试点院校，其开设的"BIM 建模与应用"课程为"1+X"建筑信息模型（BIM）职业技能等级证书考试、中国图学学会"全国 BIM 技能等级考试"的"岗、课、证"一体课程。

本书是与教育部试点专业证书课程"BIM 建模与应用"、国家教学资源库建设子项目"BIM 技术应用"、辽宁省职业教育精品在线开放课程"BIM 建模与应用"配套的新形态一体化教材，在内容上力求体现证书考评标准的要求，注重体现 BIM 基础建模与行业应用的相关知识，更注重 BIM 技术在实际工作中的应用。本书内容以典型建筑物组成为主体，以 BIM 建模工作流程为主线展开。全书主要内容包括 BIM 基础知识、Revit 基础知识、Revit 建筑建模、族与参数化、Revit 模型应用、Revit 建模综合案例等。

在中国特色社会主义进入新时代的背景下，高等职业教育强调深化教育领域综合改革，加强教材建设和管理，完善学校管理和教育评价体系，健全学校家庭社会育人机制；推进教育数字化，建设全民终身学习的学习型社会、学习型大国。本书与数字化资源、数字课程开发应用相结合，与行业发展保持同步更新，不断丰富资源，优化内容。为了加强教学效果，本书通过二维码加载了大量教学视频，读者可通过手机、平板电脑直接扫码观看，方便自主学习，满足多元化的学习需求；另外，还提供课件、配套图纸、试题及解析、工程案例、学生典型作品等教学资源，读者可通过登录www.abook.cn网站自行下载使用。

本书突出职业教育特色，教学内容与就业岗位需求相衔接，主要有以下两个特点。

1. 实用够用

本书结合实际建筑物建造过程，使学生掌握软件操作的基本方法，辅以案例模拟，培养学生独立创建建筑物三维模型的能力，深刻理解建筑物 BIM 模型创建和应用的具体方法和流程。

2. 立足"三教"改革

本书内容从单一建筑构件到体量模型，再到完整建筑体，通过难度螺旋上升的真实案例详细讲授知识点的运用及应用方法，从而稳步提升学生技能水平和协同配合能力。

本书由辽宁生态工程职业学院张鹤、张莺任主编，辽宁生态工程职业学院张赛威、中天建设集团有限公司东北分公司王天鹏任副主编，辽宁生态工程职业学院刘子巍、吴建明和中国建筑第八工程局有限公司华北分公司张铁山参与编写，由辽宁生态工程职业学院贺威教授担任主审。教材编写人员均为讲授 BIM 课程的一线教师或企业 BIM 技术骨干，有丰富的教学或实践经验。具体分工为：模块 1，模块 2，模块 3 中的 3.1 节、3.2 节由张鹤编写；模块 3 中的 3.3 节、3.4 节、3.5 节、3.6 节，模块 5，模块 6 中的 6.1 节由张赛威编写；模块 3 中的 3.7 节、3.9 节、3.10 节，模块 4 中的 4.2 节由张莺编写；模块 3 中的 3.8 节由刘子巍编写；模块 4 中的 4.1 节由吴建明编写；模块 6 中的 6.2 节由王天鹏、张铁山、张莺编写。

　　本书在编写过程中参阅了大量相关资料，在此谨向相关作者表示诚挚的感谢。新形态教材课程资源建设需要不断更新完善，恳请广大专家、读者向编者提供宝贵意见和相关素材，不胜感激。由于编者水平有限，书中难免存在疏漏之处，敬请广大读者批评指正。

目　录
CONTENTS

模块 1

BIM 基础知识

1.1 BIM的概念

学习目标

掌握建筑信息模型（building information modeling，BIM）的定义。
熟悉 BIM 的基本含义。
掌握 BIM 的内涵。

BIM 的概念

　　建筑业是我国国民经济支柱产业之一，在国民经济和社会发展中具有十分重要的地位和作用。随着建筑行业迅猛发展，土木工程现代化技术水平日新月异，我国已经能够建造世界一流的超高层建筑物、超大跨度的桥梁、结构新颖的大型公共建筑。根据中国建筑业协会发表的《2021 年建筑业发展统计分析》，2012～2021 年全国建筑业总产值及增速如图 1-1-1 所示。

图 1-1-1

建筑业高速发展的同时，行业内各生产环节之间协同工作并不十分完善，信息共享与交流不畅等问题随着生产规模迅速发展也愈发突出，成为制约建筑业良性发展的瓶颈。

尊重自然、顺应自然、保护自然，是全面建设社会主义现代化国家的内在要求。我们国家一直强调站在人与自然和谐共生的高度谋划发展，推动能源清洁低碳高效利用，推进工业、建筑、交通等领域清洁低碳转型势在必行。建筑领域减碳和实现"双碳"目标的关键在于发展绿色建筑，BIM 技术是实现绿色建筑的重要手段和途径。

1.1.1　BIM 的定义

BIM 起源于 1975 年美国佐治亚理工大学建筑与计算机专业的查克·伊斯曼教授提出的一个概念：建筑信息模型包含了不同专业的所有的信息、功能要求和性能，把一个工程项目所有的信息（包括设计过程、施工过程、运营管理过程）全部整合到一个建筑模型中，以便实现建筑工程的可视化和量化分析，随之提高工程建设效率，如图 1-1-2 所示。目前 BIM 技术已经在全世界范围内得到业界的广泛认可，BIM 技术的应用可以实现信息共享、异地设计、协同工作等，能够在很大程度上解决建筑行业的发展问题，有效提高工作效率、节约资源、降低成本，以实现可持续发展。

图 1-1-2

广义上可以将 BIM 定义为以下三点。

1）BIM 是以三维数字技术为基础，集成了建筑工程项目各种相关信息的工程数据模型，是对工程项目设施实体与功能特性的数字化表达，为设计、施工、管理提供相互协调、内部一致、可进行运算的信息。

2）BIM 是一个完善的信息模型，能够连接建筑项目生命期不同阶段的数据、过程和资源，是对工程对象的完整描述，提供可自动计算、查询、组合拆分的实时工程数据，可被建设项目各参与方普遍使用。

3）BIM 具有单一工程数据源，可解决分布式、异构工程数据之间的一致性和全局共享问题，支持建设项目生命期中动态的工程信息创建、管理和共享，是项目实时的共享数据平台。

1.1.2　BIM 的含义

B：building 代表的是 BIM 的广度，指的是整个建设领域，既可以是建筑的某一具体部分，又可以是单体建筑、整个城市，甚至是人与自然的关系。

I：information 代表的是 BIM 的本质，指的是建设领域中所包含的各种信息和信息化的手段、技术。

M：modeling 代表的是 BIM 的力度，它不仅是一个模型，也是一个过程，一种工作方式。

BIM 技术将建筑的设计、施工、监控、营销、运维等各个阶段整合在一个技术平台上，为全方位、系统化的技术集成提供了坚实基础，为项目的开发建造和运营管理提供了大量数据，这些信息可真正地实现科学化开发、智慧化服务。

通过实施 BIM 技术，模拟建筑物所具有的真实信息，工程人员可以更有效地发挥自身的聪明才智、专业素质、拼搏精神和创新能力。应用 BIM 技术进行模拟和检验，减少了设计错误及施工缺陷造成的浪费，增加了利润和提高了客户满意度，优化了团队协作，更加清晰准确地沟通设计意图，大大提高了劳动生产效率。

1.2　BIM的特征

学习目标

掌握 BIM 的基本特征，包括可视化、协调性、参数化、模拟性、优化性和可出图性。

BIM 的特征

BIM 的基本特征具体如下。

（1）可视化

可视化即"所见即所得"，BIM 将不同专业抽象的二维建筑图纸描述通俗化、三维直观化，使得不同专业设计师和业主等其他非专业人员对项目需求是否得到满足的判断更为明确、高效。

工程项目中常见的施工图纸仅仅是用线条来表达各个构件，而应用 BIM 技术可以把整个项目过程可视化，将以往线条式构件形成三维立体图形展示，方便人们理解，如图 1-2-1、图 1-2-2 所示。

（2）协调性

BIM 将专业内多成员间、多专业、多系统间原本各自独立的设计成果（中间结果与过程），置于统一、直观的三维协同设计环境中。

基于 BIM 进行工程管理，有助于工程各参与方进行组织协调，通过 BIM 可以在建筑物建造前期对各专业的碰撞进行协调，生成并提供协调数据，包括设计协调、整体进度规划协调、成本预算工程量估算协调、运维协调等，如图 1-2-3 所示。

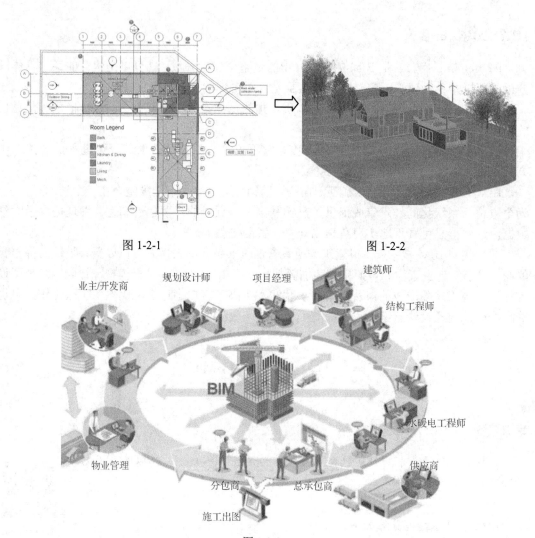

图 1-2-1　　　　　　　　　　　　　　图 1-2-2

图 1-2-3

（3）参数化

参数化指的是参数化建模和设计，其中参数化设计又分为参数化图元和参数化修改引擎。参数化图元以构件的形式出现，构件之间的不同，是通过参数调整反映出来的，参数保存了图元作为数字化建筑构件的所有信息，包括图元之间的相对关系，如相对距离、共线等几何特征。参数化修改引擎提供的参数更改技术使用户对建筑设计或文档所作的任何改动都能自动在关联部分进行反映，从而实现模型间自动协调和变更管理。参数化模型具备各种约束关系，对构件的各种操作，包括移动、删除和尺寸的改动会引起相关构件参数产生关联变化，在任一视图中发生的变化都能参数化地、双向地影响所有视图，无须逐一更改，参数化设计可以大大地提高模型的生成和修改速度，如图 1-2-4 所示。

（4）模拟性

BIM 能模拟设计出建筑物模型，将原本需要在真实场景中实现的建造过程与结果，在数字虚拟世界中预先实现，可以最大限度地减少未来真实世界的矛盾，如图 1-2-5、图 1-2-6 所示。

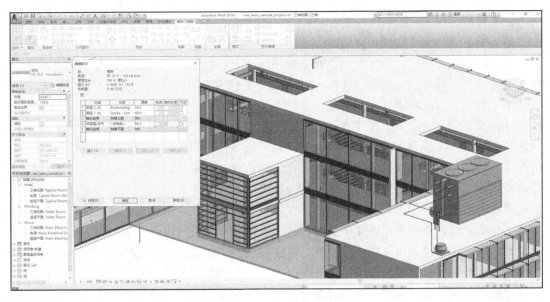

图 1-2-4

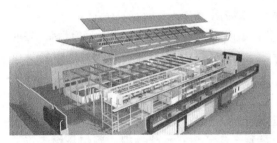

图 1-2-5

图 1-2-6

（5）优化性

整个设计、施工、运营的过程是一个不断优化的过程，没有具体、客观的真实数据做不出合理的优化。BIM 技术提供了建筑物实际存在的信息，配套的各种优化工具使得复杂项目的优化成为可能，如图 1-2-7、图 1-2-8 所示。

图 1-2-7

图 1-2-8

（6）可出图性

通过 BIM 技术对建筑物进行可视化展示、协调、模拟和优化以后，经过碰撞检查和设计修改，消除相应错误，除了能够进行建筑平面图、剖面图、立面图及详图的输出，还能输出碰撞报告及构件加工图等。基于 BIM 成果的工程施工图及统计表将最大限度保障工程设计单位最终产品的精确性和高质量。

2020 年伊始，新型冠状病毒肺炎疫情突如其来，我们国家坚持人民至上、生命至上，开展抗击疫情人民战争、总体战、阻击战，最大限度保护了人民生命安全和身体健康。按照中央应对新型冠状病毒感染肺炎疫情工作领导小组总体部署，国家发展和改革委员会依据联防联控工作机制，紧急下达中央预算内投资 3 亿元，专项补助收治新型冠状病毒感染肺炎患者的武汉火神山医院和武汉雷神山医院项目建设，重点用于购买重要医疗设备，为实现"集中患者、集中专家、集中资源、集中救治"提供设施保障。火神山、雷神山医院从设计、施工到交付使用仅用了十余天，在建设过程中大量应用了 BIM 技术，其中 BIM 的协同管理提高了设计和施工的生产效率，BIM 的仿真模拟和方案比选功能优化了各单元的场地布置，BIM 的参数化、可视化交底发挥了装配式建筑的速度优势，数字化设计、预制化生产、装配式施工、智能化运维贯穿建设的全过程。得益于 BIM 技术的众多优良特性，项目建设得到了保障。

火神山、雷神山医院建设中 BIM 和装配式技术应用的三大关键点具体如下。

1）精细化项目管理。BIM 技术应用保证了施工质量，缩短了工期，节约了材料，降低了劳动力成本，提高了项目管理和沟通协作效率。所有参与方、建筑材料、施工机械、设计规划和其他信息都被纳入到建筑信息模型中，形成了基于模型的 BIM 4D 和 BIM 5D 可交付成果，用于项目构建分析、材料需求计划、成本估算和交付等活动。

2）仿真模拟。利用 BIM 技术提前进行建筑性能、场地布置及各种设施模拟优化，按照医院建设的特点，对采光通风、管线布置、能耗分析等进行优化模拟，确定最优建筑设计方案和施工方案，保障项目建设的可行性。

3）参数化设计，可视化管控。充分发挥了 BIM+装配式建筑的优势，参数化设计、构件化生产、可视化交底、装配化施工、基于模型的数字化运维等，全过程都充分应用了 BIM 技术，使项目的全生命周期都处于数字化管控之下，展示了中国建造的速度和力量。

1.3 BIM的软件体系

学习目标

了解 BIM 的软件体系，包括 BIM 基础、BIM 工具和 BIM 平台三类应用软件。

熟悉与 BIM 相关的标准，了解 BIM 标准所解决的问题、BIM 标准的分类以及我国 BIM 标准体系。

BIM 应用软件

BIM 技术的应用价值日渐凸显，在实践过程中却存在误区：误区一，认为 BIM 就是三维建模，有的建设项目只建了很漂亮的三维模型，模型参数不准确，建模成本很高，而实际 BIM 的应用价值发挥不出来；误区二，认为 BIM 就是 Revit 软件，或者是其他软件。

实际上，BIM 是一种理念、一种技术，BIM 应用软件是支撑 BIM 的软件，国内外很多建模、设计、分析、管理等软件都属于 BIM 应用软件。BIM 技术应用的关键是软件，只有通过软件才能充分利用 BIM 的特性，发挥 BIM 应有的作用，实现其价值。可以说没有 BIM 应用软件，BIM 技术是无法实现的。

BIM 应用软件分为三类，包括以建模为主辅助设计的 BIM 基础类软件、以提高单业务点工作效率为主的 BIM 工具类软件和以协同与集成应用为主的 BIM 平台类软件。

1.3.1 BIM 应用软件

到 2035 年，我国发展的总体目标之一是建成现代化经济体系，形成新发展格局，基本实现新型工业化、信息化、城镇化、农业现代化。BIM 应用软件是实现建筑产业信息化的载体。BIM 应用软件是指基于 BIM 技术的应用软件，即支持 BIM 技术应用的软件。一般 BIM 应用软件（如 Autodesk、Bentley、广联达、品茗、鲁班、斯维尔等国内外公司出品的系列软件）应该具备以下四个特征：面向对象、基于三维几何模型、包含其他信息和支持开放式标准。

（1）BIM 基础类软件

BIM 基础类软件是指可用于建立能为多个 BIM 应用软件所使用的 BIM 模型数据的软件，简称 BIM 建模软件。

Revit 最早是一家名为 Revit Technology 的公司于 1997 年开发的三维参数化建筑设计软件，2002 年 Autodesk 公司收购了该公司。2004 年 Autodesk 公司的 Revit 系列软件进入我国，被大量设计企业、工程公司广泛使用，完成了三维设计和 BIM 模型创建工作。Revit 软件自 2013 版本开始，将建筑、结构和机电三个板块整合，形成具有三种建模环境的整体软件，支持建设项目所有阶段的模型、设计、图纸及明细表，并可以在模型中记录材料的数量、施工阶段工作内容、造价数据等工程信息，如图 1-3-1 所示。在 Revit 软件中，所有的图纸、二维视图、三维视图和明细表都是同一基本建筑模型数据库的信息表现形式。

Revit 的参数化修改引擎可以自动协调在任意位置（模型视图、图纸、明细表、剖面、平面）所做的更改。Revit 软件具有强大的参数化建模功能、精确的统计能力，以及协同设计、碰撞检查等功能，操作相对简单，上手容易，族种类丰富，兼容性、交互性、可开发性好，目前有不错的市场表现。

1984 年 Bentley 公司开发了 Microstation TriFoma 软件，此软件是一款专门的建筑模型绘制软件。2004 年，Bentley 公司推出了 BIM 软件，包括 Bentley Architecture（建筑）、Bentley Structural（结构）、Bentley Building Mechanical Systems（机械：通风、空调、水道）、Bentley Building Electrical Systems（电气）、Bentley Facilities（设备）、Bentley PowerCivil（场地建模）等，其产品专业性强，在工厂设计（石油、化工、电力、医药等）和基础设施（道路、桥梁、隧道、市政、水利等）领域有着较大优势，如图 1-3-2 所示。

（2）BIM 工具类软件

BIM 工具类软件是指利用 BIM 基础类软件提供的 BIM 模型数据，开展各种工作的应用软件，其主要目的是提高 BIM 建模应用单个或者部分应用点的效率。例如，在场地分析、结构分析、能耗分析、管线综合、施工模拟、成本管理等单点应用上，BIM 工具类软件均能发挥重要的作用，如图 1-3-3 所示。

图 1-3-1　　　　　　　　　　　　　　　　　　　图 1-3-2

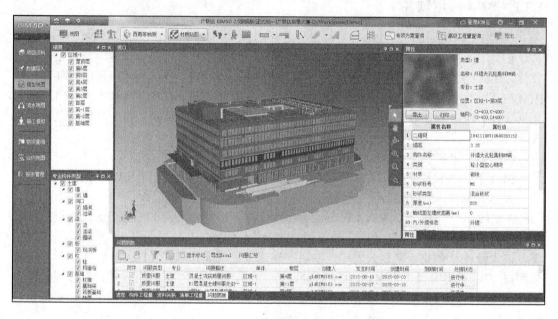

图 1-3-3

　　能耗分析软件能够通过 BIM 模型的信息对项目进行日照、采光、风环境、工程热力学和热传学、景观可视度、噪声等方面进行分析，如图 1-3-4 所示。

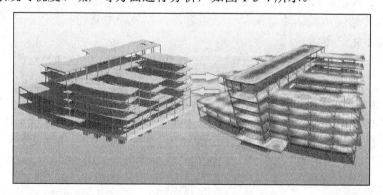

图 1-3-4

　　结构分析软件是目前和 BIM 核心建模软件集成度较高的产品，即结构分析软件可以使用 BIM 核心建模软件的信息进行结构分析，如图 1-3-5 所示。

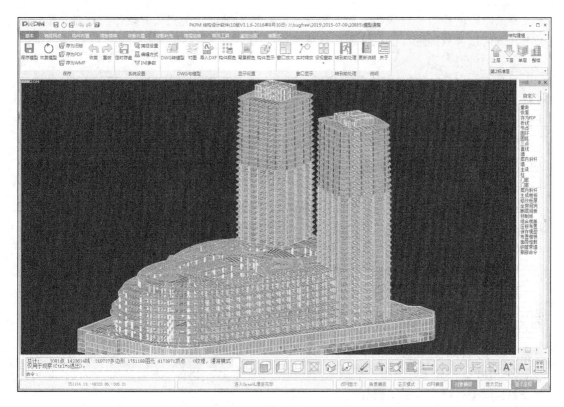

图 1-3-5

施工模拟软件的基本功能包括继承各种三维软件创建的模型，进行可视化协调、计划。成本管理软件是利用 BIM 模型提供的信息进行工程量统计和造价分析。

（3）BIM 平台类软件

BIM 平台类软件是指能对各种 BIM 基础类软件及 BIM 工具类软件产生的 BIM 数据进行有效的管理，以便支持建筑全生命期 BIM 数据共享应用的应用软件。

在技术应用层面，BIM 平台着重于数据整合及操作；在项目管理层面，BIM 平台着重于数据共享交流；在企业管理层面，BIM 平台着重于决策及判断。

1.3.2 BIM 标准

随着 BIM 技术的发展，BIM 应用越来越广泛，众多的工程应用证实了 BIM 技术的实用性，国家与各省区市纷纷出台了一系列的 BIM 相关政策，行业对于 BIM 标准的需求也就越来越高。

BIM 标准简介

建筑信息模型中的数据随着建筑全生命期各阶段（包含规划、设计、施工、运维等阶段）的展开，逐步被累积，被后来的技术或管理人员所共享。为了在建筑全生命期的技术及管理工作中有效地利用 BIM 技术，同时考虑到这些信息横跨建筑全生命期各个阶段，由大量的技术或管理人员使用不同的应用软件产生并共享，有必要制定和应用与 BIM 技术相关的标准。

施工人员可以直接利用设计人员生成的建筑设计模型信息，在此模型上添加施工信息形成施工阶段的模型进行应用。相关的技术或管理人员在应用相关的软件时只要遵循这些标准，就可以高效地进行信息管理和信息共享。

（1）BIM 标准解决的问题

1）什么人在什么阶段产生什么信息。例如，在设计阶段，建筑设计师进行了建筑空间环境设计，将拟建建筑物的总平面、各层平面、主要立面和剖面等建筑设计方案信息分发给结构工程师等其他参加者进行初步会签。

2）信息应该采用什么格式。例如，建筑设计师在利用应用软件建立用于初步会签的建筑信息后，需要将这些信息保存为某种应用软件提供的特定格式，或保存为某种标准化的中介格式。

3）信息应该如何分类。一是在计算机中保存非数值信息（如材料类型），需要将其代码化；二是为了有序地管理大量建筑信息，需要遵循一定规定进行分类。

（2）BIM 标准分类

BIM 通用标准体系，涵盖三大部分内容。

1）BIM 标准框架。为有效地利用 BIM 技术，更好地进行信息共享，BIM 标准框架应包括三方面，即分类编码、数据交换、信息交付。

2）BIM 基础标准。BIM 标准体系主要利用三个基础标准：建筑信息组织标准、BIM 信息交付手册标准以及数据模型表示标准。

3）BIM 标准分类。按照标准框架，并在基础标准上，形成三大类标准，即过程交付标准、数据模型标准和分类编码标准。

① 过程交付标准规定用于交换 BIM 数据的内容，对应于什么人在什么阶段产生什么信息的标准，如 DIM 标准、MVD 标准和 IFD 库。

② 数据模型标准规定 BIM 数据交换格式，对应于信息应该采用什么格式的标准，如开放的建筑产品数据表达与交换的国际标准 IFC 标准。

③ 分类编码标准直接规定建筑信息的分类，对应于信息应该如何分类，如金属屋顶瓦编号：22-07 32 19。

如图 1-3-6 所示，每一级层次编码由 2 位数值表示，取值范围为 01～99。22 表示表 22 工作结果；07 32 19 表示表 22 中的具体位置，其中 07 表示第一层部分分类为防水保温，32 表示第二层部分分类为屋顶瓦，19 表示第三层部分分类为金属屋顶瓦，这就唯一地确定了需要表示的对象。

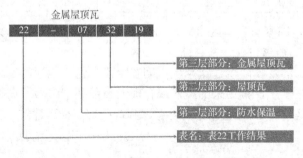

图 1-3-6

在 BIM 标准中，不同类型的标准存在交叉使用的情况。例如，在过程交付标准中，需要使用数据模型标准，以便规定在某一过程中提交的数据必须符合数据模型标准中的规定。

（3）国内 BIM 标准体系

我国的 BIM 标准分为国家标准、行业标准、地方标准，目前大部分 BIM 标准还处于制定过程中。企业将 BIM 技术用于工程项目时，不仅要符合国家标准、行业标准，也要满足当地的标准规定。

BIM 国家标准有《建筑信息模型应用统一标准》（GB/T 51212—2016）、《建筑信息模型施工应用标准》（GB/T 51235—2017）、《建筑信息模型分类和编码标准》（GB/T 51269—2017）等。

BIM 行业标准如中国工程建设标准化协会所属《混凝土结构设计 P-BIM 软件功能与信息交换标准》（T/CECS-CBIMU 7—2017）等系列标准。

BIM 地方标准如北京市地方标准《民用建筑信息模型设计标准》（DB11/T 1069—2014）。

BIM 标准的制定，从标准化的视角来说，包括如何构建设计 BIM，如何推广实施 BIM，提供了战略性的、前瞻性的视角，BIM 标准的完善必然会推动 BIM 技术的进一步应用。

1.4　Revit软件概述

学习目标

了解 Revit 重要概念和专用术语。

掌握 Revit 软件设计流程，包括创建项目，绘制标高和轴网，创建基本模型，生成立面、剖面和详图，标注及统计，生成效果图，布图及打印输出，与其他软件交互等。

我国建筑工程设计阶段一般可划分为方案设计、初步设计和施工图设计三个逐步深入的阶段，这些阶段中均以二维图纸为主线，绘图成了整个设计工作的核心，占整个项目设计周期的比重也很大。

使用 Revit 软件进行建筑设计，与 CAD 绘图有较大区别。Revit 软件以三维模型为基础，设计过程是虚拟建造的过程，在 Revit 软件平台上完成从方案设计、建筑设计、结构设计、施工图设计、效果图渲染、漫游动画等所有的设计工作，整个过程一气呵成。虽然在前期模型建立所花费的工作时间占整个设计周期的比重较大，但是在后期成图、变更、错误排查等方面具有很大优势。

掌握 Revit 操作，要理解重要概念和专用术语，这样能更灵活地创建模型和文档。

Revit 模型是由墙、梁、柱、门窗、楼梯、楼板、文字、注释等基本对象组合而成的，这些基本对象称为图元，用户在创建项目时，通过添加参数化图元来创建建筑模型。图元类型有模型图元、基准图元和视图专有图元。模型图元，用来表示建筑实际三维几何图形，并显示在模型的相关视图中，包括主体图元和模型构件；基准图元，用来定义项目的定位；视图专有图元，只显示在放置了这些图元的视图中，用来对模型进行描述，包括注释图元和详图，如图 1-4-1 所示。

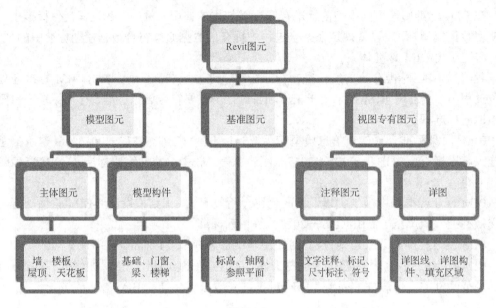

图 1-4-1

项目是指单个建筑信息模型的设计信息数据库，项目文件包含了建筑所有的设计信息，包括从几何图形到构造数据，完整的三维建筑模型，平面图、立面图、剖面图、明细表、施工图图纸等全部信息。

对象类别，Revit 不提供图层的概念，轴网、墙、门窗、尺寸标注、文字注释等对象以对象类别的方式进行自动归类和管理，用于对建筑模型图元、基准图元、视图专有图元进行分类。通过对象类别，Revit 进行细分管理，如模型图元类别包括墙、柱、梁、楼梯、楼板等；注释图元包括门窗标记、尺寸标注、符号和文字等。创建各类对象时，无须预先指定，Revit 会自动根据对象所使用的族将该图元归类到正确的对象类别中。

在任意视图中使用快捷键 VV，将打开其视图的可见性/图形替换对话框，如图 1-4-2 所示，在该对话框中可以查看 Revit 详细类别名称。Revit 的各类别中还包括子类别。例如，窗类别包括框架/竖梃、洞口、玻璃等子类别。Revit 通过调整子类别的可见性、线、填充图案、透明度等来调整三维模型在视图中的显示效果，以满足出图要求。当某一类别设置为不可见时，属于该类别的所有图元都将不可见。

族，是某一类别图元的类，是 Revit 项目的基础，任何图元都是由某一个族产生的。相同族不同图元的部分或全部属性可能有不同值，但属性名称和含义是相同的。例如，一个平开窗族产生的图元都可以具有高度、宽度等参数，但每个窗的高度、宽度可以不同。Revit 族有三种：系统族、内建族、标准构件族。

类型，每个族都可以拥有多个类型，用于定义不同的对象特征，可以是族的特定尺寸或样式。例如，通过创建不同的墙族类型，定义不同的墙构造。

实例，是族类型在项目中一个实际图元，每个实例都属于一个族，Revit 通过类型属性参数和实例属性参数控制图元。

对象类别、族、类型、实例相互关系如图 1-4-3 所示。修改类型属性值会影响该类型的所有实例，修改实例属性时，仅影响被选中的实例。

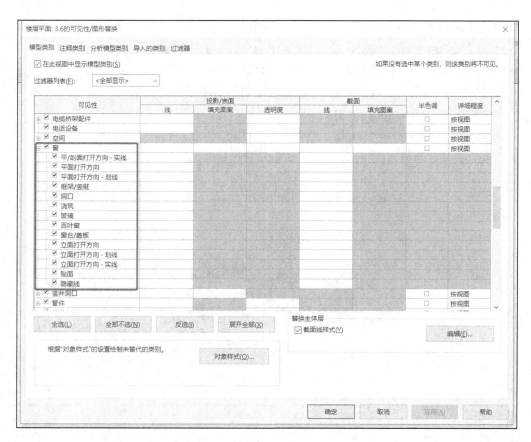

图 1-4-2

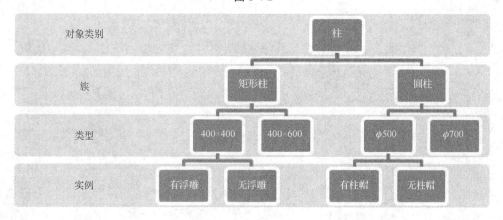

图 1-4-3

Revit 软件一般包括以下八个建模流程。

（1）创建项目

双击 Revit 图标打开软件，界面如图 1-4-4 所示。单击"新建…"按钮，在"新建项目"窗口中，单击"浏览"按钮，按照项目专业选择合适的项目样板，如图 1-4-5 所示，创建空白项目。

建筑样板 DefaultCHSCHS，适用于建筑专业。

结构样板 Structural Analysis-DefaultCHNCHS，适用于结构专业。

机械样板 Mechanical-DefaultCHSCHS，适用于机械专业。

构造样板 Construction-DefaultCHSCHS，适用于通用项目。

电气样板 Electrical-DefaultCHSCHS，适用于电气专业。

给排水样板 Plumbing-DefaultCHSCHS，适用于给排水专业。

电气、机械、给排水样板 Systems-DefaultCHSCHS，适用于安装专业。

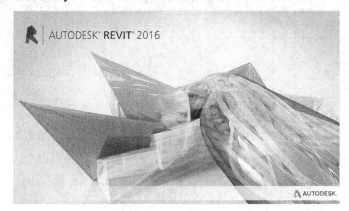

图 1-4-4

图 1-4-5

（2）绘制标高和轴网

用 Revit 创建模型首先需要确定的是建筑高度方向的信息，即标高。在模型的创建过程中，很多构件都与标高紧密联系，如图 1-4-6 所示。

用 Revit 绘制轴网的过程与 CAD 无太大区别，但必须注意 Revit 中的轴网是具有三维属性信息的，它与标高共同构成了建筑模型的三维网格定位体系，如图 1-4-7 所示。

图 1-4-6

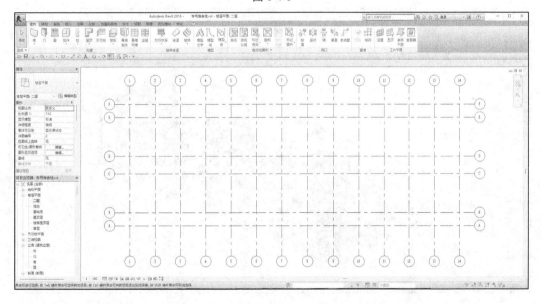

图 1-4-7

（3）创建基本模型

在 Revit 软件中有建筑、结构、机电专业模块，根据图纸等创建基本构件。以柱体为例，先定义好柱体的类型，在柱族的类型属性中设置，包括柱尺寸、做法、材质、功能等，再指定柱体的标高等高度参数，在平面视图中指定的位置绘制生成三维柱体，如图 1-4-8、图 1-4-9 所示。Revit 软件中提供了建筑柱和结构柱两种不同的柱构件。

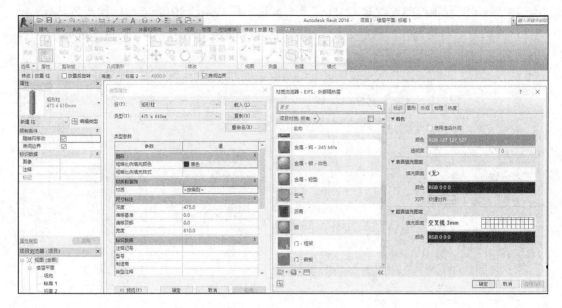

图 1-4-8

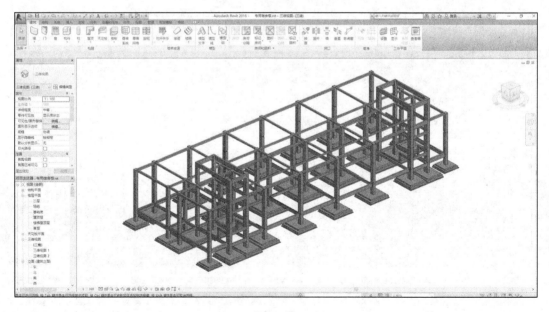

图 1-4-9

（4）生成立面图、剖面图和详图

Revit 中的立面图、剖面图是根据模型实时生成的，实时更新，并且每个视图都相互关联，如图 1-4-10、图 1-4-11 所示。门、窗、墙体等详图可以通过新图例视图创建，不需要重新绘制。

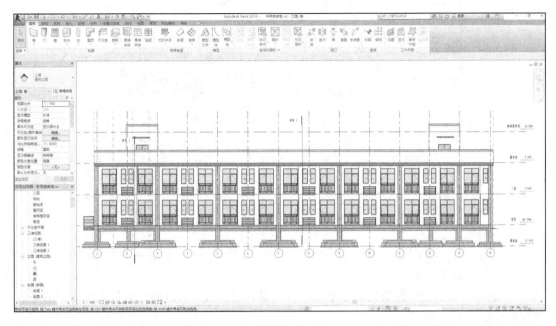

图 1-4-10

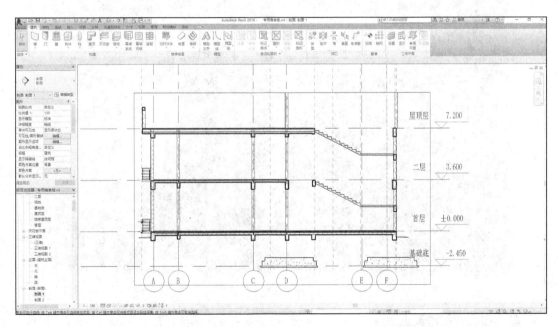

图 1-4-11

（5）标注及统计

在 Revit 中要完成施工图纸，除了模型图元外，还必须在视图中添加注释图元，主要包括标注、添加二维图元及统计报表等，如图 1-4-12 所示的窗明细表。

〈窗明细表〉							
A	B	C	D	E	F	G	H
设计编号	洞口尺寸		参照图集	樘 数		备注	类型
	宽度	高度		总数	标高		
C-1	1200	1350		2	首层		C-1
C-1	1200	1350		2	二层		C-1
C-1	1200	1350		2	屋顶层		C-1
C-2	1750	2850		22	首层		C-2
C-2	1750	2850		24	二层		C-2
C-3	600	1750		22	首层		C-3
C-3	600	1750		24	二层		C-3
C-4	2200	2550		22	首层		C-4
C-4	2200	2550		2	二层		C-4
FHC	1200	1800		2	首层		FHC

图 1-4-12

（6）生成效果图

Revit 模型建好后，就可以对模型中的图元进行材质设定，以满足渲染的需要，渲染后效果图如图 1-4-13 所示。

图 1-4-13

（7）布图及打印输出

布图是指在 Revit 的标题栏图框中布置视图，在一个图框中可以布置多个视图，并且图纸上的视图与模型仍然保持双向关联。Revit 文件的打印既可以借助外部 PDF 虚拟打印机输出为 PDF 格式的文件，也可以输出成 Autodesk 公司自有的 DWF 或 DWFx 格式的文件，同时 Revit 中的所有视图和图纸也均可以导出为 DWG 格式的文件，如图 1-4-14 所示。

图 1-4-14

（8）与其他软件交互

在用 Revit 进行建筑设计的过程中，可以根据需要将 Revit 中的模型和数据导入到其他软件中做进一步的处理。例如，可将 Revit 创建的三维模型导入到 Navisworks 等软件中进行更为专业的渲染；还可以通过专用的接口将模型导入到 PKPM 等结构建模或计算分析软件中进行结构方面的分析运算。

模块 2

Revit 基础知识

2.1 Revit的启动与软件主界面介绍

学习目标

掌握 Revit 的启动和关闭，新建项目的方法。

熟悉 Revit 常用文件格式。

Revit 的启动与软件主界面介绍

2.1.1 启动 Revit 软件

Revit 是标准的 Windows 应用程序，系统硬件可按工作需求和模型复杂程度配置。与其他 Windows 应用程序一样，双击桌面上的 Revit 软件快捷方式启动主程序，单击右上角关闭按钮退出程序。Revit 启动后，默认会显示"最近使用的文件"界面，如图 2-1-1 所示。

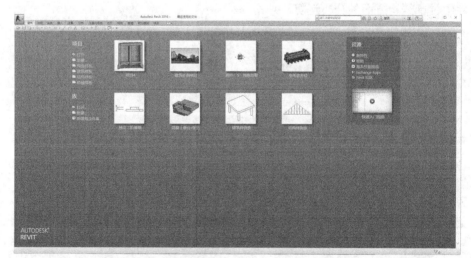

Revit 2016

图 2-1-1

如果在启动 Revit 时，不希望显示"最近使用的文件"界面，可以按以下操作进行设置。

1）启动 Revit，单击左上角的"应用程序菜单"按钮，如图 2-1-2 所示；在下拉菜单中单击"选项"按钮，如图 2-1-3 所示；选择"用户界面"选项，如图 2-1-4 所示。

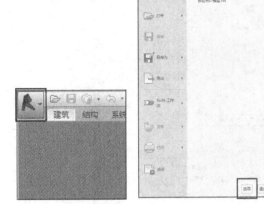

图 2-1-2　　　　　　　　　图 2-1-3　　　　　　　　　　　　图 2-1-4

2）在"选项"对话框中的"用户界面"选项中，取消选中"启动时启用'最近使用的文件'页面"复选框，设置完成后单击"确定"按钮，退出"选项"对话框。

3）单击"应用程序菜单"中的"退出 Revit"按钮，如图 2-1-5 所示。重新启动 Revit 发现，此时将不再显示"最近使用的文件"界面，仅显示空白界面，如图 2-1-6 所示。

图 2-1-5　　　　　　　　　　　　　　　　　　图 2-1-6

4）使用相同的方法，选中"选项"对话框中"启动时启用'最近使用的文件'页面"复选框并单击"确定"按钮，如图 2-1-7 所示，将重新显示"最近使用的文件"界面。

图 2-1-7

在"选项"对话框中还能设置保存提醒时间间隔、快捷键、图形模式、选项卡的显示与隐藏、文件位置等。

2.1.2　Revit 软件主界面介绍

Revit 启动后的主界面主要包含项目和族两个区域。这两个区域分别用于打开或创建项目和打开或创建族。

Revit 整合了建筑、结构、机电专业的功能，在项目区域中，提供了建筑、结构、机械、构造等项目创建的快捷方式。在 Revit 中单击不同类型的项目快捷方式，将采用各项目默认的项目样板进入新项目创建模式，如图 2-1-8 所示。单击新建快捷方式，弹出"新建项目"对话框，如图 2-1-9 所示，可以通过下拉列表选择新建项目要采用的样板文件，还可以通过浏览其他样板文件创建项目。

Revit 创建新的项目文件是开始设计的第一步，而项目样板是工作的基础。项目样板为项目提供默认预设工作环境，作为项目的初始条件，在项目创建过程中，Revit 允许用户在项目中自定义和修改这些默认设置。

如图 2-1-10 所示，在"选项"对话框中，切换至"文件位置"选项，可以查看 Revit 中各类项目所选用的样板文件位置，并允许用户添加新的样板快捷方式，通过"加号"浏览指定所选用的项目样板文件位置。

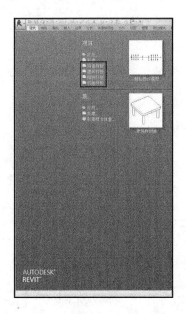

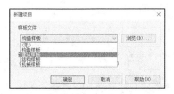

图 2-1-8　　　　　　　　　　　　　　　　图 2-1-9

图 2-1-10

　　以上操作，也可以通过单击"应用程序菜单"按钮，在下拉列表中选择"新建"→"项目"选项来实现，如图 2-1-11 所示。在"新建项目"对话框中，如选中"新建"栏中的"项目样板"单选按钮，则用于自定义项目样板，如图 2-1-12 所示。

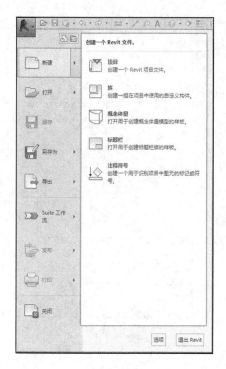

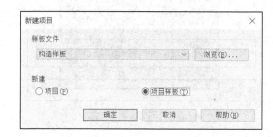

图 2-1-11　　　　　　　　　　　　　　　图 2-1-12

　　项目文件包含了工程中所有的模型信息和其他工程信息，如材质、数量、造价等，还包括设计中的所有图纸和视图，项目文件是 Revit 默认的项目存档格式文件，保存为".rvt"文件格式，如图 2-1-13 所示。注意使用高版本 Revit 软件打开项目文件后，当保存数据时，Revit 将升级项目文件为新版本文件格式，升级后的文件无法再使用低版本 Revit 软件打开。

　　项目样板文件中预设了新建项目的所有默认设置，包括度量单位、层高信息、轴网标高样式、墙体类型、显示设置等，项目样板文件保存为".rte"文件格式，如图 2-1-14 所示。与项目文件一样，低版本 Revit 软件不能打开高版本 Revit 软件创建的项目样板文件。

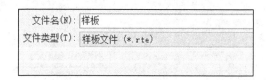

图 2-1-13　　　　　　　　　　　　　　　图 2-1-14

　　Revit 软件提供了完善的帮助系统，方便用户遇到困难时查询，可以单击位于标题栏右侧的"信息中心"中的"帮助"按钮或按 F1 键，打开官方帮助文档进行查询。

2.2　Revit的工作界面

学习目标

Revit 的工作界面

熟悉 Revit 的工作界面。

了解 Revit 中常用工具的用途。

掌握 Revit 预选、点选、框选、选择全部实例、查看模型和图元的方法。

2.2.1　Revit 工作界面的组成

Revit 的工作界面使用了旨在简化工作流的 Ribbon 界面。Ribbon 是一种以面板及标签页为架构的用户界面，能够提升用户使用效率，更快地找到所需要的功能，用户可以根据自己的需要和使用习惯修改界面布局。在项目编辑模式下 Revit 的界面如图 2-2-1 所示。

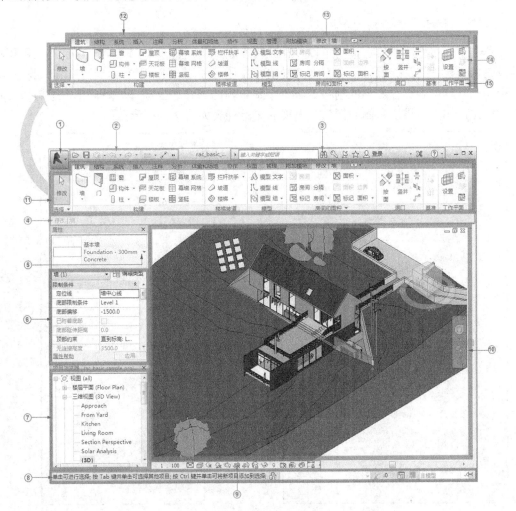

图 2-2-1

1	应用程序菜单
2	快速访问工具栏
3	信息中心
4	选项栏
5	类型选择器
6	"属性"设置任务窗格
7	项目浏览器
8	状态栏
9	视图控制栏
10	绘图区域
11	功能区
12	功能区上的选项卡
13	功能区上的上下文选项卡，提供与选定对象或当前动作相关的工具
14	功能区当前选项卡上的工具
15	功能区上的面板

图 2-2-1（续）

1. 应用程序菜单

单击"应用程序菜单"按钮可以打开应用程序菜单列表，如图 2-2-2 所示。应用程序菜单包括新建、打开、保存、另存为、导出、打印、关闭、退出 Revit 等。在应用程序菜单中，可以单击各选项右侧的箭头查看每个菜单项的展开选择项，然后再单击选项执行相应的操作，如单击导出右侧的箭头，出现的菜单列表如图 2-2-3 所示。

图 2-2-2

图 2-2-3

　　单击"应用程序菜单"右下角的"选项"按钮，可以打开"选项"对话框，如图 2-1-7 所示。在"用户界面"选项中，用户可以根据自己的工作需要和使用习惯自定义出现在功能区域的选项卡命令，还可以自定义快捷键。如默认"修改"命令的快捷键为 MD，在 Revit 中使用快捷键时直接按键盘对应字母即可，输入完成无须按 Enter 键或空格键即可执行命令，提高了命令的执行效率。

　　2. 快速访问工具栏

　　快速访问工具栏用于快速执行常用及最近使用的命令，默认情况下包括打开、保存、撤销、恢复、切换窗口、三维视图、同步修改、自定义等内容，如图 2-2-4 所示。

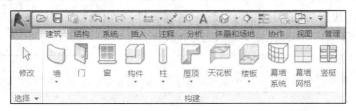

图 2-2-4

　　快速访问工具栏内容可以根据需要进行自定义，前后排列顺序也可以调整，如图 2-2-5 所示。

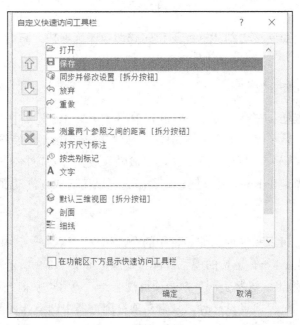

图 2-2-5

　　例如，将窗工具添加到快速访问工具栏，可在窗工具上右击，浮现"添加到快速访问工具栏"快捷菜单，单击即可将窗工具添加到快速访问工具栏，如图 2-2-6 所示。在快速访问工具栏任意工具上右击，选择"从快速访问工具栏中删除"命令，即可将该工具从快速访问工具栏中移除。

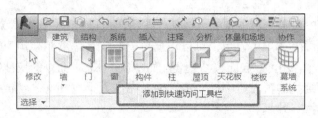

图 2-2-6

3. 选项栏

选项栏与 AutoCAD 的命令提示行类似，默认位于功能区下方，用于设置当前正在执行命令的参数等，其内容随着当前执行的工具或所选图元的改变而改变。使用"墙"工具时，"修改 | 放置 墙"选项栏内容如图 2-2-7 所示。

图 2-2-7

选项栏可以根据需要移动到 Revit 窗口的底部，在选项栏上右击，然后选择"固定在底部"命令即可。

4. "属性"设置任务窗格

在"属性"设置任务窗格中可以查看和修改用来定义 Revit 中图元实例属性的参数。当选择图元对象时，显示该对象的实例属性，否则将显示当前活动视图的属性，如图 2-2-8 所示。使用快捷键 Ctrl+1，可以打开或关闭"属性"设置任务窗格。拖曳"属性"设置任务窗格，可以将其固定在 Revit 窗口任意一侧，也可以使其成为浮动面板。

5. 项目浏览器

项目浏览器用于组织和管理当前项目中的全部信息，包括项目中所有视图、图例、图纸、明细表、族、组、Revit 链接的模型等项目资源，如图 2-2-9 所示。为方便用户管理，Revit 按逻辑层次关系组织这些资源。打开项目浏览器，项目类别前显示"+"，表示该类别中包括子类别项目。进行项目设计时，常常在项目浏览器中切换各视图。

6. 绘图区域

绘图区域显示当前项目的平立剖面视图、图纸和明细表等，如图 2-2-10 所示。每当切换至新视图时，都将创建新的视图窗口，并保留所有已打开的其他视图。

图 2-2-8

图 2-2-9

图 2-2-10

　　绘图区域的背景颜色默认为白色，在"选项"对话框"图形"选项中，可以将绘图区域背景设置为其他颜色，如图 2-2-11 所示。

　　7.　视图控制栏

　　在楼层平面等二维视图、三维视图中，绘图区域各视图窗口底部均会出现视图控制栏。视图控制栏可以快速设置当前视图的功能，包括比例、详细程度、视觉样式、打开/关闭日光路径、打开/关闭阴影、显示"渲染"对话框、裁剪视图、显示/隐藏裁剪区域、临时隐藏/隔离、显示隐藏的图元、临时视图属性、显示/隐藏分析模型、显示约束等，如图 2-2-12 所示。

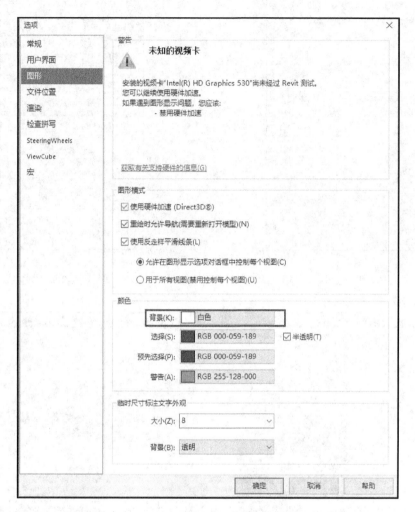

图 2-2-11

图 2-2-12

比例，用于控制模型尺寸与当前视图显示之间的关系。

详细程度，提供了粗略、中等、精细三种视图详细程度，以满足出图要求。

视觉样式，用于控制模型在视图中的显示方式，包括线框、隐藏线、着色、一致的颜色、真实、光线追踪六种显示效果。其中，光线追踪为三维视图特有的视觉样式，随着显示效果由线框到真实逐级增强，系统资源耗用也越来越大。

打开/关闭日光路径，可以对日光进行设置。

打开/关闭阴影，可以显示光照阴影，增加表现力。

显示"渲染"对话框，仅在三维视图中出现，单击"渲染"按钮后可对渲染质量、照明、背景等进行详细设置。

8. 功能区

功能区包括创建项目或族时所需要的全部工具,功能区由选项卡、工具面板和工具组成,如图 2-2-13 所示。单击工具可以执行相应的命令,进入绘图或编辑状态。如果同一个工具图标中存在其他工具或命令,则下方会显示下拉箭头,单击箭头可以显示附加的相关工具。

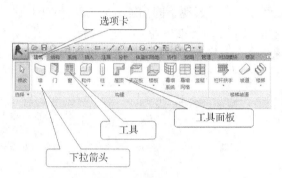

图 2-2-13

Revit 根据工具的用途和性质,分别组织在不同的面板中,如果存在与面板中工具相关的设置选项,在面板名称栏右侧会显示斜向箭头,单击箭头即可以打开相应设置对话框,对工具进行通用设置,如图 2-2-14 所示。

在工具面板名称栏上按住鼠标左键并拖动,可以将面板拖曳到功能区上任意位置,使其成为浮动面板。光标移动到浮动面板上时,右上角出现控制按钮并提示"将面板返回到功能区",单击即可重新返回到默认位置,如图 2-2-15 所示。

图 2-2-14　　　　　　　　　　　　　　　　图 2-2-15

Revit 提供了三种功能区面板显示模式,最小化为选项卡、最小化为面板标题、最小化为面板按钮,单击功能区状态切换按钮即可循环切换,如图 2-2-16 所示。

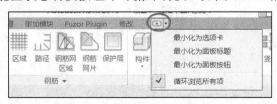

图 2-2-16

2.2.2　视图控制

（1）项目视图种类

Revit 视图有多种形式，是 BIM 模型根据不同规则显示的投影，所有视图均由模型剖切投影生成。常用的视图有平面视图、立面视图、剖面视图、详图索引视图、三维视图、图例视图、明细表等，每种视图都有特定的用途，这点与 CAD 图纸不同；而且同一项目可以建立任意多个视图，例如，为了表现不同功能要求，对于 F1 标高的楼层平面视图，需建立 F1 柱视图、F1 梁视图、F1 建筑平面图等。

Revit 在"视图"选项卡"创建"面板中提供了各种创建视图的工具，如图 2-2-17 所示，当然这些功能也可以在项目浏览器中查找。

图 2-2-17

1）平面视图。楼层平面、结构平面及天花板投影平面视图是沿着项目水平方向，按指定标高偏移位置剖切模型生成的视图。在创建标高时，默认自动创建对应的楼层/结构平面视图，建筑样板创建的是楼层平面，结构样板创建的是结构平面。在楼层平面视图中，如果当前没有选择任何图元，"属性"设置任务窗格将显示当前视图属性。单击"属性"设置任务窗格中"视图范围"栏"编辑"按钮（图 2-2-18），弹出"视图范围"对话框，在对话框中可以定义视图的剖切位置，如图 2-2-19 所示。

图 2-2-18

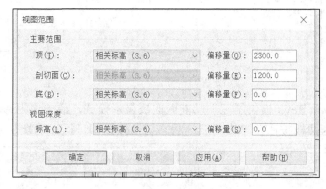

图 2-2-19

如图 2-2-20 所示，左侧立面显示平面视图的视图范围⑦：顶①、剖切面②、底③、视图深度偏移量④、主要范围⑤和视图深度⑥。右侧平面视图显示了此视图范围的结果。

视图范围内图元样式设置，主要范围内图元投影样式设置为"投影/表面"选项，截面样式设置为"截面"选项，深度范围内图元线样式设置为"线"→"<超出>"选项，如图 2-2-21 所示。

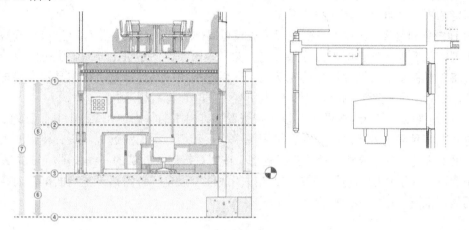

图 2-2-20

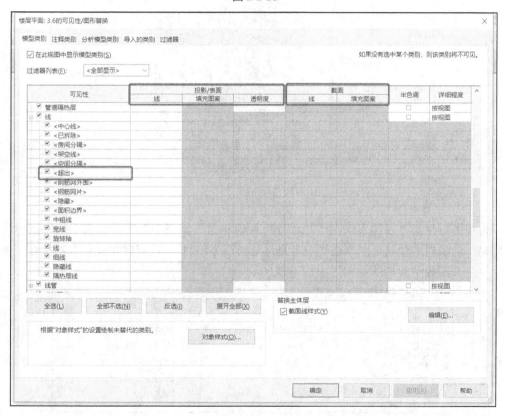

图 2-2-21

2）立面视图。立面视图是项目模型在立面方向的投影视图，在 Revit 中，每个项目默认包含东、南、西、北四个立面视图，并在楼层平面视图中显示立面视图符号，双击黑色小三角会直接进入立面视图。

3）剖面视图。在 Revit 中，用户可以通过在平面视图、立面视图或详图视图中指定位置绘制剖面符号线，对模型进行剖切，根据投影方向生成剖面视图，单击剖面标头将显示剖切深度范围，并可以用鼠标任意拖曳。

4）详图索引视图。详图索引视图用于对模型局部细节进行放大显示。可以在平面视图、立面视图、剖面视图或详图视图这些"父视图"中添加详图索引。详图索引范围内的模型部分，将以详图索引视图中设置的比例显示在新的视图中。详图索引视图显示内容与原模型关联，如果"父视图"删除，则详图索引视图同时也将被删除。

5）三维视图。在三维视图中可以直接查看三维模型的状态，在 Revit 中有正交三维视图和透视图两种显示方式。在正交三维视图中，不管相机距离的远近，所有构件的大小均相同，单击快速访问工具栏"默认三维视图"按钮直接进入默认的三维视图，按 Shift 键和鼠标中键可以调整视图的角度，并可以通过"属性"设置任务窗格设置剖面框，调整三维模型的显示范围，如图 2-2-22 所示。

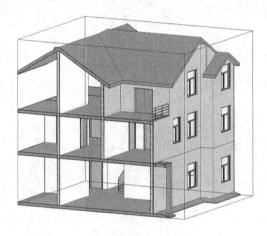

图 2-2-22

透视图可使用"视图"选项卡"创建"面板中"三维视图"下拉列表中的"相机"命令创建，选项栏中默认选中"透视图"复选框（图 2-2-23），设置好视点和观察目标，即可显示符合人眼视觉效果的近大远小的透视图。

图 2-2-23

（2）视图的基本操作

在 Revit 中，可以通过鼠标、ViewCube 和视图导航栏实现对 Revit 视图的平移、缩放等操作。

在平面视图、立面视图或三维视图中，滚动鼠标滚轮可以对视图进行缩放，向上滑动放大视图，向下滑动缩小视图。按住鼠标滚轮并拖动，可以对视图进行平移。在三维视图中，同时按住 Shift 键和鼠标滚轮，拖动鼠标可以实现三维视图旋转，若先选中某图元，再进行旋转，则选中的图元为旋转中心。

在三维视图中，Revit 提供了 ViewCube(图 2-2-24)，用于对三维视图进行操作。ViewCube 默认位于屏幕绘图区域右上方。单击 ViewCube 的面、顶点或边，可以在模型的各个立面、三维视图间进行快速切换。

Revit 还提供了导航栏工具条，如图 2-2-25 所示。导航栏工具条默认在 ViewCube 下方，提供了视图平移和视图缩放工具，在任意视图中都可以通过导航栏对视图进行操作。单击导航栏圆盘图标进入全导航控制盘模式，全导航控制盘随鼠标指针移动，提供了缩放、平移、动态观察等命令，如图 2-2-26 所示。

在 Revit 中还可以对视图窗口进行控制。如图 2-2-27 所示，"视图"选项卡"窗口"面板中提供了"切换窗口""关闭隐藏对象""复制""层叠""平铺"等操作命令。

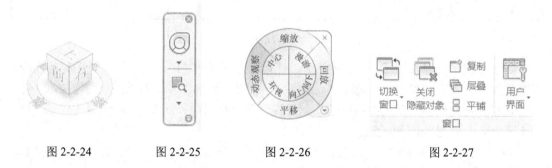

图 2-2-24　　　　　图 2-2-25　　　　　图 2-2-26　　　　　图 2-2-27

2.2.3　图元基本操作

（1）图元选择

在使用 Revit 软件创建模型过程中，经常要选择已创建的图元进行编辑，根据图元的特点，能够快速、准确地选择图元，可以大大提高建模效率，如选择全部外墙（图 2-2-28）。

选择和查看图元

1）预选方式。将光标移动到某个图元附近，其轮廓高亮显示，会在工具提示框和命令提示栏中显示说明，按 Tab 键，可在相邻图元中做选择切换。

将光标移动到图中位置，首先高亮显示的是外墙，注意工具提示框和命令提示栏中的说明，按 Tab 键，高亮显示的图元在内墙、楼板、轴线、参照平面、外墙几个图元中循环，若想选择楼板，按 Tab 键至楼板高亮显示时停止并单击，即可选中，如图 2-2-29 所示。

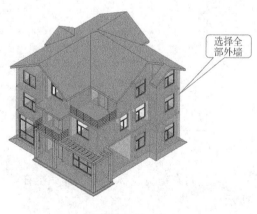

选择全部外墙

图 2-2-28

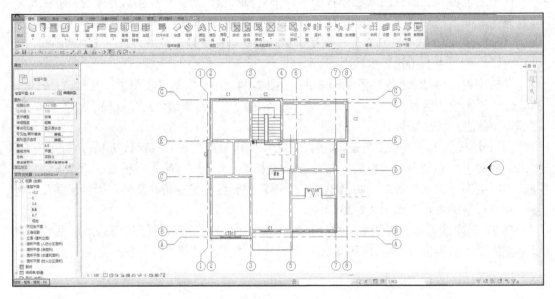

图 2-2-29

2）点选方式。点选即逐一选择对象，点选第二个图元时，自动放弃第一个图元的选择。若想选择多个图元，按住 Ctrl 键同时点选图元，可以累加选中多个图元；若按住 Shift 键同时点选已经选择的多个图元中的一个，则会将该图元从已选择的多个图元中删除，即按住 Ctrl 键加选，按住 Shift 键减选。

3）框选方式。从右向左拖曳光标，可选择矩形框内和与矩形框相交的所有图元，叫作"交叉窗口"，如图 2-2-30 所示。

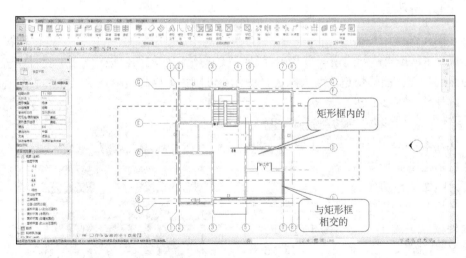

图 2-2-30

从左向右拖曳光标，可选择完全在矩形框内的图元，叫作"包含窗口"，如图 2-2-31 所示。

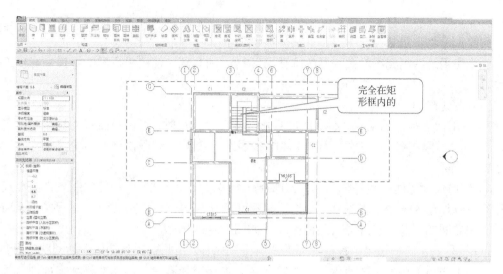

完全在矩形框内的

图 2-2-31

4）选择全部实例。可以快速选中当前视图或项目中与所选对象相同类型的实例。例如点选 C1 窗，右击，在菜单中选择"选择全部实例"→"在视图中可见"命令，则当前视图中所有 C1 窗都被选中。若点选 C1 窗，右击，在菜单中选择"选择全部实例"→"在项目中可见"命令，则项目中所有视图的 C1 窗都被选中。

（2）图元编辑

在"修改"面板中，Revit 提供了移动、对齐、复制、镜像、旋转等命令，如图 2-2-32 所示。利用这些命令可以对图元进行编辑操作。

修改

图 2-2-32

移动，能将一个或多个图元从一个位置移动到另一个位置，默认快捷键为 MV。

对齐，可将一个或多个图元与对齐位置对齐，默认快捷键为 AL。

复制，可将一个或多个图元生成副本，默认快捷键为 CO。

旋转，可使图元绕指定轴旋转，默认快捷键为 RO。

偏移，可以对所选择的墙、梁等图元进行复制或与其长度垂直方向移动指定的距离，默认快捷键为 OF。

镜像，使用一条线作为镜像轴，对所选图元进行镜像，通过选项栏确定是否保留原图元，默认快捷键为 MM（镜像拾取轴）、DM（镜像绘制轴）。

阵列，用于一个或多个图元的线形阵列或半径阵列，可对数量、间距等进行控制，以方便生成相同图元，默认快捷键为 AR。

修剪和延伸，提供了三个命令，分别是"修剪/延伸为角""修剪/延伸单个图元""修剪/延伸多个图元"。"修剪/延伸为角"命令的默认快捷键为 TR。

拆分，可将图元分割为两个独立的部分，默认快捷键为 SL。

删除，可将选定的图元删除，默认快捷键为 DE。

熟练使用这些图元编辑命令是熟练使用 Revit 的基础，使用快捷键能够提高建模工作效率。

（3）图元限制

1）应用尺寸标注的限制条件。在放置永久性尺寸标注时，可以单击尺寸标注的锁定图标，即创建了限制条件。选择限制条件的参照时，会显示该限制条件（蓝色虚线），如图 2-2-33 所示。

2）应用尺寸标注的相等限制条件。选择一个多段尺寸标注时，相等限制条件会在尺寸标注线附近显示为一个 EQ 符号。如果选择尺寸标注线的一个参照（如墙），则会出现 EQ 符号，在参照的中间会出现一条蓝色虚线，如图 2-2-34 所示。

EQ 符号表示应用于尺寸标注参照的相等限制条件。当此限制条件处于活动状态时，参照（以图形表示的墙）之间会保持相等的距离。如果选择其中一面墙并移动它，则所有墙都将随之移动一段固定的距离。

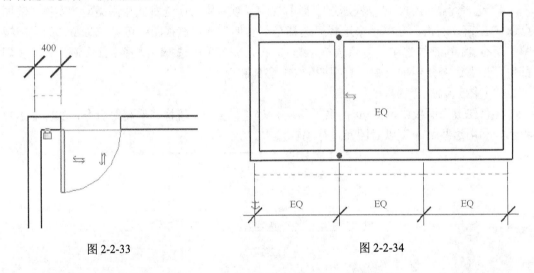

图 2-2-33   图 2-2-34

Revit 建筑建模

3.1　创建标高、轴网

学习目标

熟悉标高、轴网的作用。

掌握创建标高、轴网的方法。

掌握修改标高、轴网的方法。

创建标高　编辑标高

3.1.1　创建、编辑标高

1. 标高的概念及分类

标高，用来表示建筑物各部分的高度，是竖向定位的依据，分为绝对标高和相对标高。

绝对标高，我国把青岛黄海平均海平面定为绝对标高的零点，其他地点相对于黄海平均海平面的高差，称为绝对标高。

相对标高，以建筑物室内首层主要地面高度为 0.000 所计算的标高，称为相对标高，如图 3-1-1 所示。

2. 创建标高

（1）绘制标高命令

使用 Revit 建模，首先要确定项目高度方向的信息，即标高。在建模过程中，构件高度的定位大都与标高紧密联系，因此，标高信息应做到齐全、准确，如图 3-1-2 所示。

在 Revit 模型中，标高是向四周无限延伸的水平平面，如图 3-1-3 所示，要在立面视图或剖面视图中，以水平线方式创建。

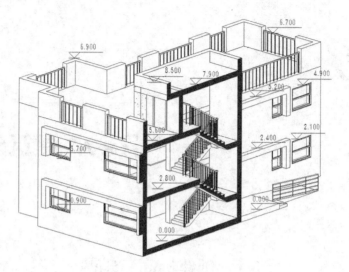

图 3-1-1

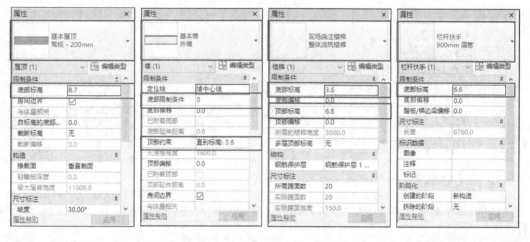

图 3-1-2

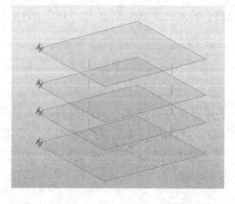

图 3-1-3

在打开的建筑样板中，在项目浏览器中双击"立面"视图中的"东"视图，可见两个默认标高。单击后变为蓝色，可修改标高值与标高名称，如图 3-1-4 所示。

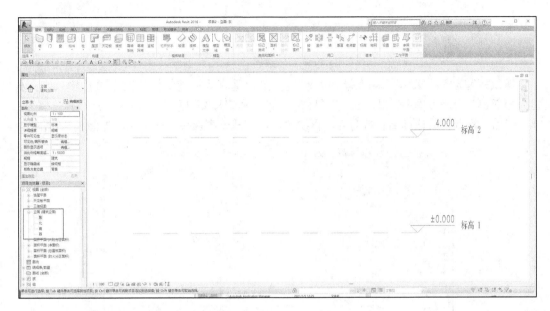

图 3-1-4

例如，进入东立面视图，选中标高 2，该标高蓝色高亮显示，再单击标高值"4.000"（图 3-1-5），在可编辑状态框中输入"5.600"，按 Enter 键完成标高的修改。选中标高 2，再单击标高名称"标高 2"，在可编辑状态框中输入"F2"，按 Enter 键完成标高名称的修改。选中标高 2，再单击标高 2 与标高 1 之间的尺寸标注"5600"，在可编辑状态框中输入"6000"，按 Enter 键也可完成标高的修改。

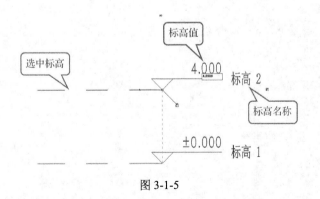

图 3-1-5

（2）绘制标高的方法

1）直线绘制。单击"建筑"或"结构"选项卡中的"标高"按钮，如图 3-1-6 所示。选择"修改｜放置 标高"上下文选项卡中的"直线"命令（图 3-1-7），进入绘制标高状态。

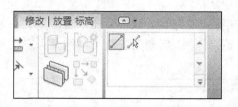

图 3-1-6　　　　　　　　　　　　　　　　　　　　图 3-1-7

　　当鼠标移动到与默认标高左端对齐时，会出现垂直蓝色虚线，这时可直接输入新建标高与相邻已建标高的距离（以 mm 为单位），即可确定标高高度，如图 3-1-8 所示；单击，向右拖动鼠标到与默认标高右端对齐，再次单击，完成一根新标高的绘制，如图 3-1-9 所示。

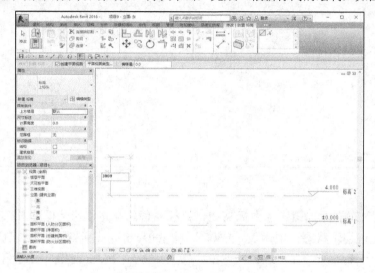

图 3-1-8

图 3-1-9

2）复制创建。选择源标高，单击"修改 | 标高"上下文选项卡中的"复制"按钮，命令选项栏中出现"约束""多个"选项，如图 3-1-10 所示。

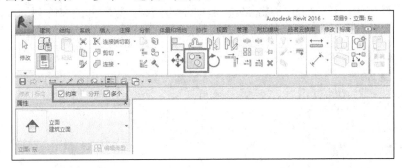

图 3-1-10

约束：只能垂直或水平方向复制，即正交功能。

多个：可连续进行复制，中间不用再次选择需要复制的标高及复制命令。

命令选项栏设置完成后，选择基准点（一般选取源标高上一点），单击并向上移动鼠标，手动输入临时尺寸标注数值，确定标高的高度，按 Enter 键完成一根新标高的创建。

3）阵列创建。选择源标高，单击"修改 | 标高"上下文选项卡中的"阵列"按钮，命令选项栏中出现"阵列方式""成组并关联""项目数""移动到""约束"等选项，通过各选项设置可一次性生成多个层高相同的标高，如图 3-1-11 所示。

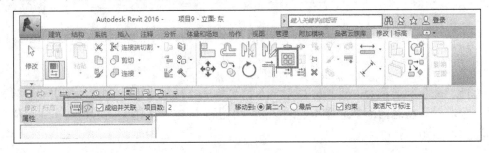

图 3-1-11

阵列方式：分为"线性"沿直线方向进行阵列和"径向"沿某一圆心进行旋转阵列两种方式，标高只能进行垂直方向阵列，此处阵列方式默认为"线性"且不可更改。

成组并关联：可将阵列后的标高自动成组，需要解组后才能修改标头、标高等。

项目数：阵列后总对象的数量（包含源阵列对象），需输入 2~200 之间的整数。

移动到："第二个"是在绘图区输入的尺寸为相邻两阵列对象的距离；"最后一个"是输入的尺寸为源对象与创建出来的最后一个阵列对象的总距离。

约束：只能垂直或水平方向创建，即正交功能。

命令选项栏设置完成后，单击源标高，并向上移动鼠标，手动输入临时尺寸标注数值确定阵列距离，按 Enter 键完成创建。框选所有标高，通过单击"修改 | 标高"上下文选项卡中的"过滤器"按钮，选择"模型组"命令，单击"修改 | 模型组"上下文选项卡中的"解组"按钮，将成组的标高解组。

　　用三种标高绘制方法绘制的标高如图 3-1-12 所示，默认标高、直线绘制标高的标头为蓝色，复制创建标高、阵列创建标高的标头为黑色。在项目浏览器中双击"楼层平面"视图，"楼层平面"视图中只有默认标高与直线绘制的标高，复制创建和阵列创建的标高不会自动生成对应的楼层平面。

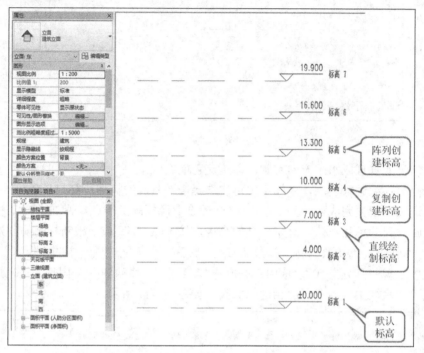

图 3-1-12

　　选择"视图"选项卡→"平面视图"下拉菜单→"楼层平面"命令，弹出"新建楼层平面"对话框，在对话框中选择相应的标高，单击"确定"按钮关闭对话框，完成楼层平面的添加，如图 3-1-13 所示。

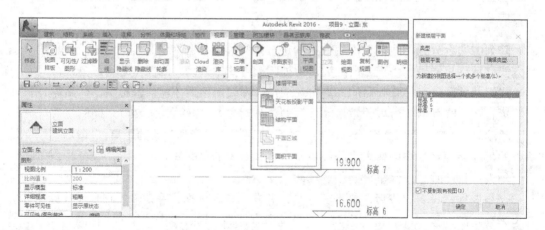

图 3-1-13

　　创建标高时，可以对标高的类型属性（如颜色、线型图案等）进行设置，还可以对每一个在绘图区域显示的标高实例进行调整，如对齐方式、标头是否显示、添加弯头等，如图 3-1-14、图 3-1-15 所示。

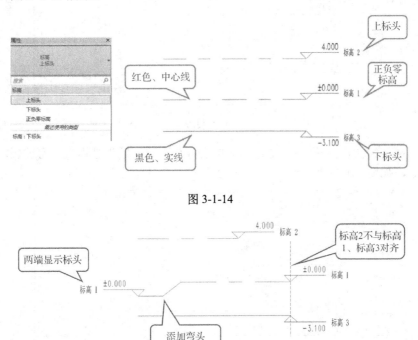

图 3-1-14

图 3-1-15

若要修改标头的类型，选中要修改的一个或多个标高，单击"属性"设置任务窗格中的类型选择窗口下拉按钮，在列出的上标头、下标头或正负零标高等样式中进行单击选择，即可完成对选中标高标头类型的修改，如图 3-1-16 所示。

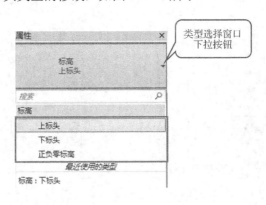

图 3-1-16

3. 标高的编辑

若要修改标高名称，有以下三种方法。

1）选中要修改的某一标高，在"属性"设置任务窗格"名称"栏中修改标头名称，如图 3-1-17 所示。

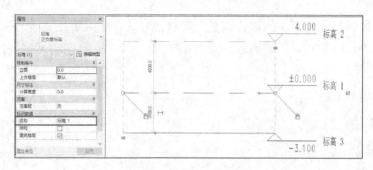

图 3-1-17

2）选中要修改的某一标高，在绘图区单击标头名称，标头名称进入可编辑状态时，修改标头名称，如图 3-1-18 所示。

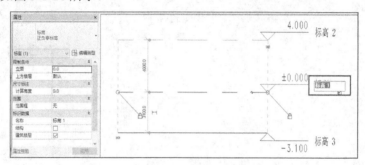

图 3-1-18

3）在项目浏览器中双击楼层平面视图，右击需要修改的标高名称，在快捷菜单中选择"重命名"命令，在弹出的"重命名视图"对话框中修改标头名称，单击"确定"按钮后，在弹出的提示对话框中单击"是"按钮，如图 3-1-19 所示。

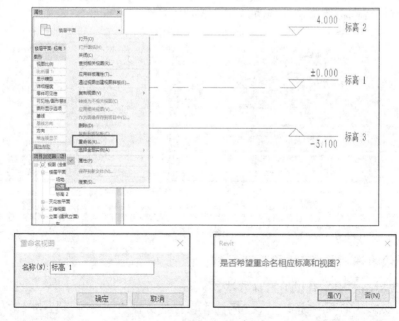

图 3-1-19

　　若要修改标高类型属性，选中要修改的某一标高，单击"属性"设置任务窗格中的"编辑类型"按钮，在弹出的"类型属性"对话框中可修改选中标高对应的标高类型的线宽、颜色、线型图案等类型参数，也可通过单击"复制"按钮创建新的标高类型，如图 3-1-20所示。

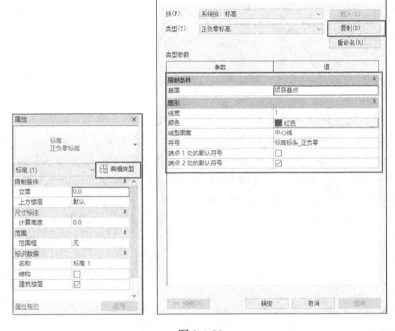

图 3-1-20

　　绘图区域标高的设置，选中任意一根标高线，会显示锁头、选择框、临时尺寸、虚线、控制符号等，如图 3-1-21 所示。

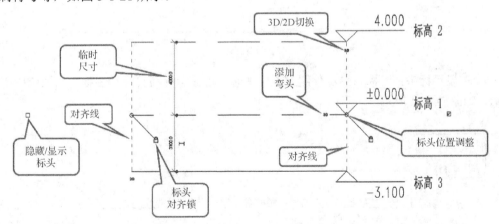

图 3-1-21

　　3D/2D 切换：3D 指关联与之对齐的标高，移动该标头位置，与之关联的标高也相应移动；2D 指只修改当前视图该标高标头的位置，如图 3-1-22 所示。

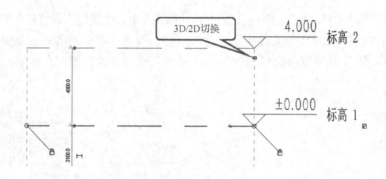

图 3-1-22

例如，在南立面视图中，选中标高 1，默认为 3D 状态，拖曳其标头，与其对齐的标高处于关联状态，随之也被拖曳。切换至北立面视图，标头对齐，选中标高 1，单击"3D/2D切换"按钮，使其转换为 2D 状态，拖曳标高 1 标头，原来对齐的标高不再关联，不随之被拖曳。再切换至南立面视图，标头仍然对齐，没有任何变化，如图 3-1-23 所示。

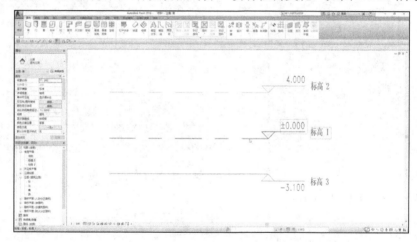

图 3-1-23

隐藏/显示标头：当标高端点外侧方框选中时，可显示标高符号和名称，取消选中则不显示，如图 3-1-24 所示。

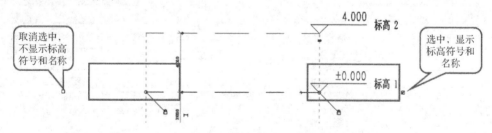

图 3-1-24

添加弯头：标头附近的折线符号，用于标头偏移，按住蓝色拖曳点，可调整标头位置。主要用于解决相邻标头距离过近堆叠、出图效果不佳的问题，如图 3-1-25 所示。

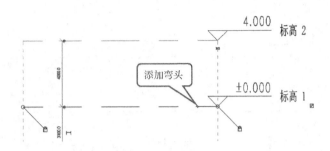

图 3-1-25

例如，选中标高 1，单击折线符号，出现两个蓝色拖曳点，可按住拖曳，离标头远的只能左右拖曳，确定弯折的开始位置，离标头近的可上下、左右拖曳，确定弯折结束位置并调整标头高低位置。若几个标高距离很近，堆叠在一起影响读图，可通过使用"添加弯头"命令调整标头的位置，以达到较好的图面效果。

标头位置调整：选中标高，单击标头处出现的小圆圈符号，左右拖动，即可调整标头位置，如图 3-1-26 所示。

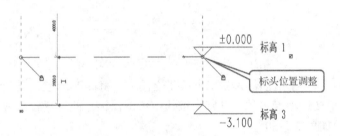

图 3-1-26

标头对齐锁：锁定状态下，当前选中标高标头位置被拖曳，其他对齐的标高标头位置也都随之左右移动；开启状态下，拖曳当前选中标高标头，其他标高标头不受影响，如图 3-1-27 所示。

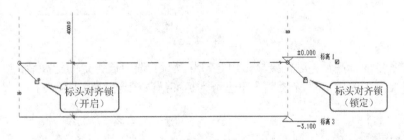

图 3-1-27

对齐线：控制、显示标高标头竖向对齐，左右各一根对齐线。被开启对齐锁的标高，拖曳标头过程中，若出现对齐线时停止拖曳，当前标高会自动与对齐线上的所有标高对齐锁定，如图 3-1-28 所示。

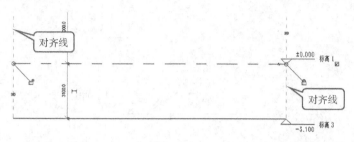

图 3-1-28

临时尺寸：选中标高，会出现临时尺寸，单击临时尺寸，变为可编辑状态，修改尺寸，当前标高位置根据尺寸值的变化移动，并且标高值也相应自动改变，如图 3-1-29 所示。

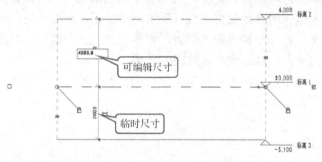

图 3-1-29

完成标高编辑后，为防止不小心改动标高位置，可将标高锁定。框选所有标高，单击"修改｜标高"上下文选项卡中的"锁定"按钮，单击被锁定的标高，出现锁定符号，标高不允许再被编辑，如图 3-1-30 所示。

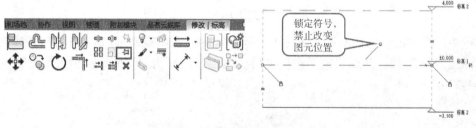

图 3-1-30

选中被锁定的标高后，可直接单击锁定符号解锁；选中被锁定的标高后，单击"修改｜标高"上下文选项卡中的"解锁"按钮也可为标高解除锁定，如图 3-1-31 所示。

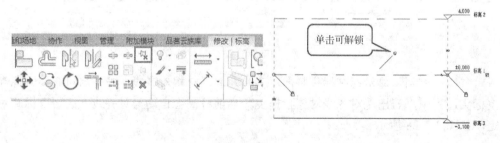

图 3-1-31

3.1.2 创建、编辑轴网

创建轴网   编辑轴网

1. 轴网的概念及表示方法

轴网由若干根轴线交错组成，用来确定墙、梁、柱、屋顶等主要承重构件的位置，是建筑工程施工定位、放线的重要依据。

轴线通常用点划线来表示，轴线两端圆内注写编号，横向轴线从左至右用阿拉伯数字编号，纵向轴线从下至上用大写拉丁字母（除 I、O、Z 外）编号，如图 3-1-32 所示。

在 Revit 中创建轴网，轴线可以看作是垂直于水平面的平面或是曲面，通常在平面视图中以线段形式创建，如图 3-1-33、图 3-1-34 所示。

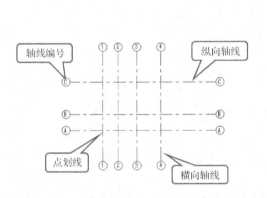

图 3-1-32

图 3-1-33

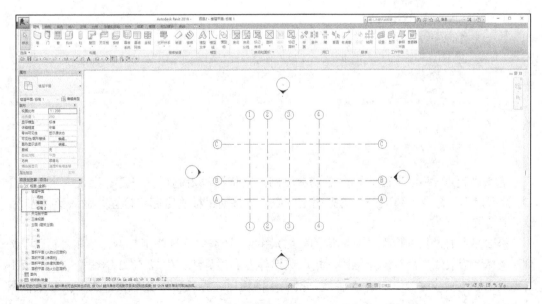

图 3-1-34

2. 绘制轴网的方法

（1）直接绘制

单击"建筑"或"结构"选项卡中的"轴网"按钮，如图 3-1-35 所示，自动进入"修改｜放置 轴网"上下文选项卡，有以下五个绘制轴网的命令，如图 3-1-36 所示。

图 3-1-35　　　　　　　　　　　　　　　　图 3-1-36

直线：用于创建直线型轴网，如图 3-1-37 所示。

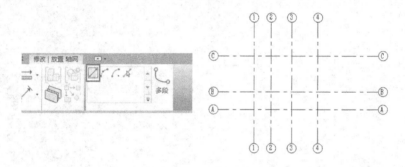

图 3-1-37

起点-终点-半径弧、圆心-端点弧：用于创建曲线型轴网，如图 3-1-38 所示。

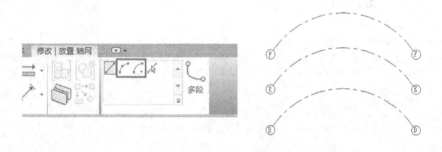

图 3-1-38

选择"起点-终点-半径弧"命令创建轴网，需依次确定起点、终点、半径大小。选择"圆心-端点弧"命令创建轴网，需先确定中心点、移动鼠标确定起点位置并输入半径大小，最后确定终点。

拾取线：通过拾取模型线、链接的 CAD 图线、墙线等快速生成轴网。单击"轴网"按钮，选择"拾取线"命令创建轴网，拾取某墙体左右边界线，生成 1、2 轴线拾取某楼板下边界线，修改轴线编号，生成 A 轴线，拾取该楼板上边界线生成 B 轴线；也可拾取某模型线，生成 C 轴线，如图 3-1-39 所示。

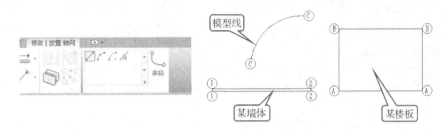

图 3-1-39

多段线：由直线、曲线组成的链线段创建生成一根轴线。单击"建筑"选项卡中的"轴网"按钮，自动进入"修改 | 放置 轴网"上下文选项卡，选择"多段线"命令，自动进入"修改 | 编辑 草图"上下文选项卡，分别用"直线""起点-终点-半径弧"等命令完成一段连续的线段；单击"修改 | 编辑 草图"上下文选项卡中的"完成编辑"按钮，完成多段轴线的创建。需要注意的是，一根多段轴线的各个部分的绘制不分先后顺序，相对关系正确，连接成链即可。

（2）运用修改工具创建轴线

绘制完一根轴线后，可选择"修改 | 轴网"上下文选项卡中的"复制""阵列""镜像"等命令创建其他轴线，轴网自动编号，如图 3-1-40 所示。

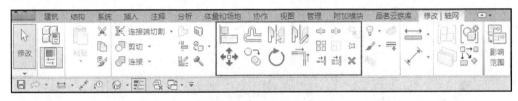

图 3-1-40

1）复制创建轴线：操作方法与复制创建标高完全相同，选择源轴线，单击"修改 | 轴网"上下文选项卡中的"复制"按钮，命令选项栏中出现"约束""多个"选项，如图 3-1-41所示。

图 3-1-41

2）阵列创建轴线：操作方法与阵列创建标高基本相同，选择源轴线，单击"修改｜轴网"上下文选项卡中的"阵列"按钮，命令选项栏中出现"阵列方式""成组并关联""项目数""移动到""约束"等选项，如图 3-1-42 所示。

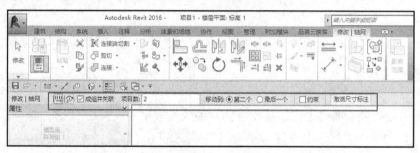

图 3-1-42

"阵列方式"中的"径向方式"，可沿某一圆心进行旋转阵列，用来绘制扇形轴网，如图 3-1-43 所示。

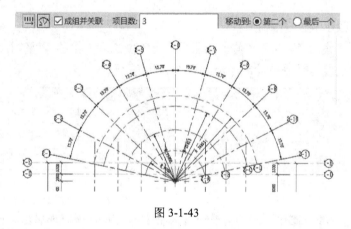

图 3-1-43

单击"建筑"选项卡中的"轴网"按钮，自动进入"修改｜放置 轴网"上下文选项卡，用"直线"命令创建一根倾斜的轴线。

选择轴线，单击"修改｜轴网"上下文选项卡中的"阵列"按钮，在命令选项栏中选择"径向方式"，项目数设置为 8 后按 Enter 键；在绘图区选择蓝色旋转中心点，拖曳至轴线下方端点处，当操纵柄与轴线重合时单击，鼠标离开源轴线，确定径向阵列的方向，输入角度 15°，右击，单击"取消"按钮退出当前命令；选中全部轴线，单击"过滤器"按钮，选择"模型组"命令进行解组，完成扇形轴网的绘制。

3）镜像创建轴线：选择源轴线，单击"修改｜轴网"上下文选项卡中的"镜像-拾取轴"或"镜像-绘制轴"按钮，命令选项栏中出现"复制"选项，如图 3-1-44 所示。

选中 1、2 轴，单击"修改｜轴网"上下文选项卡中的"镜像-拾取轴"按钮，单击 3 轴，会在右边生成 5、4 轴，这样生成的轴线，轴号排序为反向。可以依次选择 1、2 轴以 3 轴为镜像轴，逐根镜像，解决排序反向的问题。若选择 5 轴，单击"修改｜轴网"上下文选项卡中的"镜像-绘制轴"按钮，需在绘图区内以两点方式绘制一根镜像线，在另一侧生成新轴线，通过修改临时尺寸，确定其准确位置，如图 3-1-45 所示。

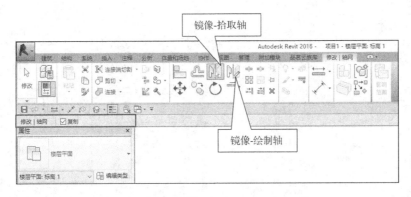

图 3-1-44

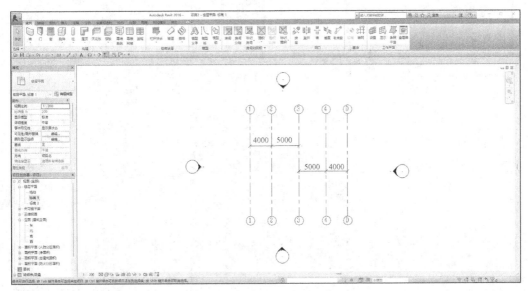

图 3-1-45

使用镜像命令创建轴线时,若未选中命令选项栏中的"复制"复选框,则源轴线相当于参照镜像线做了平移,而且轴号保持不变。

3. 轴网的编辑

编辑轴网时,可以对轴网的类型属性,如中段是否连续、轴号端点是否显示、轴线末段颜色和填充图案等进行设置,如图 3-1-46 所示;也可以对每一个在绘图区域显示的轴线实例进行调整,如位置、对齐方式、标头是否显示、添加弯头等,如图 3-1-47 所示。

(1)修改轴网样式

若要修改轴网的类型,选中要修改的一根或多根轴线,单击"属性"设置任务窗格中的类型选择窗口下拉箭头,在列出的轴网样式中选择需要的样式,即可修改选中轴线的类型,如图 3-1-48 所示。

(2)修改轴网名称

若要修改轴网名称,有以下两种方式。

1)选中要修改的轴线,在"属性"设置任务窗格中修改"名称"栏中的轴线名称,如图 3-1-49 所示。

图 3-1-46

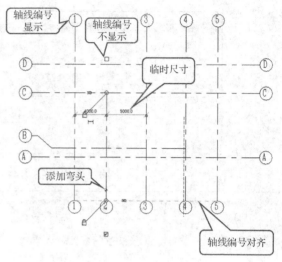

图 3-1-47

图 3-1-48

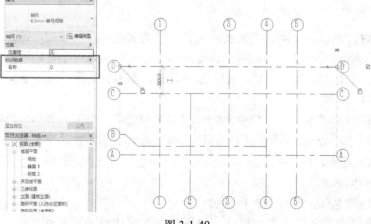

图 3-1-49

2）选中要修改的轴线，在绘图区域单击轴线编号，直接修改圆圈中的字母或数字，如图 3-1-50 所示。

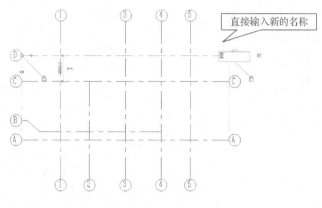

图 3-1-50

（3）修改轴网类型属性

选中要修改的轴线，单击"属性"设置任务窗格中的"编辑类型"按钮，弹出"类型属性"对话框，在对话框中可修改选中轴网的类型属性，如轴线中段是否连续、轴号端点是否显示、轴线末段颜色和填充图案等，也可通过"复制"命令创建新的轴网类型，如图 3-1-51 所示。

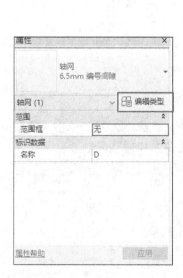
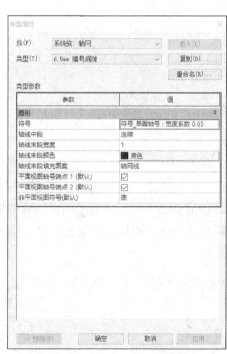

图 3-1-51

（4）绘图区域轴网的设置

在绘图区域选中任意一根轴线，会显示锁头、选择框、临时尺寸、虚线、控制符号等，设置方法与标高类似，如图 3-1-52 所示。

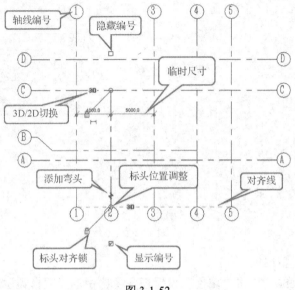

图 3-1-52

完成轴网编辑后，为防止不小心改动轴网位置，可将轴网锁定。框选轴网，单击"修改｜轴网"上下文选项卡中的"锁定"按钮，选择被锁定的轴网，出现锁定符号，轴网不允许再被编辑，如图 3-1-53 所示。

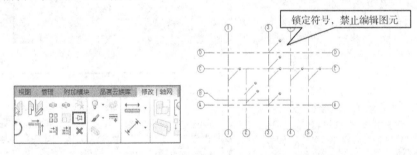

图 3-1-53

选中被锁定的轴网，可直接单击锁定符号解锁；或选中轴网，单击"修改｜轴网"上下文选项卡中的"解锁"按钮，解除轴网锁定，如图 3-1-54 所示。

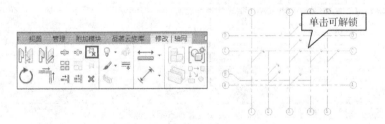

图 3-1-54

"影响范围"命令，可以将标高、轴网这类基准图元复制到其他平行视图中。当把标高

1 中的轴网按需求设置好对齐样式、显示/隐藏编号、弯折符号等，双击进入标高 2、场地等其他平面视图，可见轴网样式并不完全与标高 1 中的显示相同，若逐一对视图设置，难免浪费时间。可以返回标高 1 平面视图，选中轴网，单击"修改｜轴网"上下文选项卡中的"影响范围"按钮，弹出"影响基准范围"对话框，在对话框中选中"楼层平面：场地"和"楼层平面：标高 2"复选框，单击"确定"按钮，如图 3-1-55 所示，这时标高 2、场地两个平面视图的轴网样式与标高 1 完全相同。

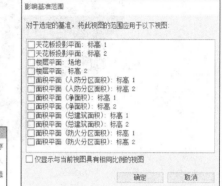

图 3-1-55

3.2　创　建　墙　体

学习目标

了解墙体在模型中的作用。
掌握绘制墙体的命令。
掌握创建、编辑墙体的方法。
掌握创建墙饰条、墙分隔条的方法。

3.2.1　墙体的作用和分类

墙体是建筑物的重要组成部分，可分为内墙与外墙或承重墙与非承重墙等，在建筑物中起围护、分隔空间的作用，具有保温、隔热、防火、防水等能力，如图 3-2-1 所示。

图 3-2-1

使用 Revit 软件创建墙体时需考虑墙体的高度、定位、构造做法、立面显示、图纸要求、显示精细程度以及内外墙体的区别等，用 Revit 软件创建的内墙和外墙如图 3-2-2 所示。

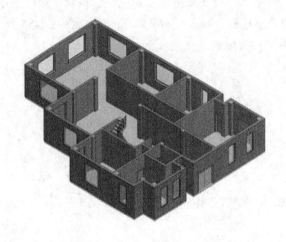

图 3-2-2

3.2.2 创建墙体命令

1. 墙体高度与定位

应用 Revit 创建墙体时，无论什么类型的墙体，都需要根据图纸来设置相应高度，如图 3-2-3 所示。

墙体高度与定位

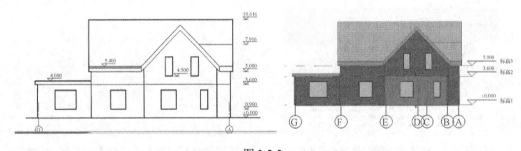

图 3-2-3

选择"建筑"选项卡→"墙"下拉菜单→"墙：建筑"命令，选择"基本墙 常规-200mm"墙类型后，"属性"设置任务窗格内出现"高度"选项，表示要绘制的墙体"底部限制条件"为当前标高，"顶部约束"默认为"未连接"，"无连接高度"默认为 8000，若将 8000 改为 5000，在标高 1 平面视图中绘制一段墙体，可在立面图上看到由标高 1 向上创建的高为 5000 的墙体，如图 3-2-4 所示。选择墙体，在"属性"设置任务窗格内设置"顶部约束"为标高 2，在立面图中可见墙体被限定于标高 1 与标高 2 之间，若移动标高 2，墙体高度随之变化。选择墙体，若将"属性"设置任务窗格内"底部限制条件"下方的"底部偏移"参数设置为-500，则在立面图上可见墙体下边界向下移动 500；若将"顶部约束"下方的"顶部偏移"参数设置为1000，则在立面图上可见墙体上边界向上移动1000。

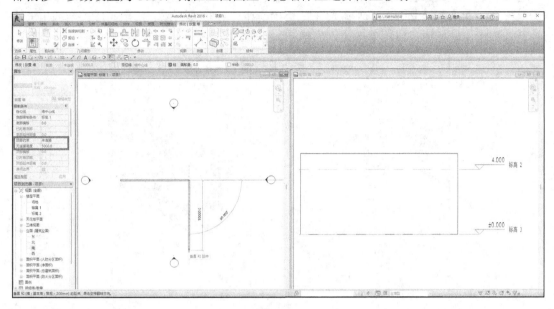

图 3-2-4

选择墙类型后，若将空白栏内出现的"高度"选项改为"深度"，则表示要绘制的墙体"顶部限制条件"为当前标高，以"属性"设置任务窗格中的默认参数在标高 1 平面视图中绘制一段墙体，立面图可见墙体位于标高 1 以下 8000 范围内，如图 3-2-5 所示。选择墙体，修改"属性"设置任务窗格"底部限制条件"为标高 3，下方的"底部偏移"参数设置为 0，则在立面图上可见墙体被限定于标高 1 与标高 3 之间，移动标高 3，则墙体高度随之变化。

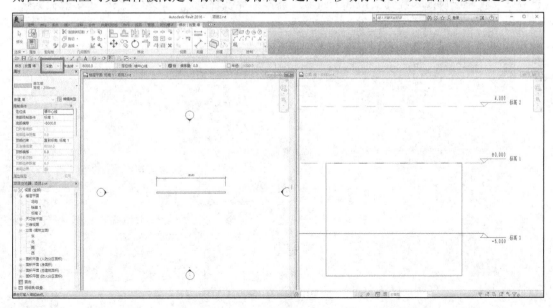

图 3-2-5

以建筑样板中的基本墙 CW 102-85-215p 为例，该墙体总厚度为 414，中线位置 207 处为墙中心线，靠近外表面的为面层面外部，靠近内表面的为面层面内部，结构层即核心层为厚度 215 的混凝土砌块，215 混凝土砌块中线位置处被称为核心层中心线，两侧边界分别被称为核心层外部、核心层内部，如图 3-2-6 所示。

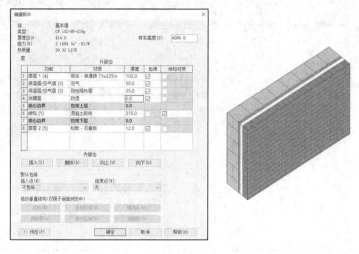

图 3-2-6

基本墙 CW 102-85-215p 构造做法如图 3-2-7 所示，应用不同的定位线绘制几段墙体。选择基本墙 CW 102-85-215p，自定义"底部限制条件""顶部约束"，选择"定位线"为"墙中心线"，依次单击 B 轴与 1、2 轴交点，按 Esc 键；选择"定位线"为"核心层中心线"，依次单击 B 轴与 3、4 轴交点，按 Esc 键；选择"定位线"为"面层面外部"，依次单击 A 轴与 1、2 轴交点，按 Esc 键；选择"定位线"为"核心面内部"，依次单击 A 轴与 3、4 轴交点。选择"修改"选项卡中的"对齐"命令，先选择轴线，再将光标移动至墙体附近，按 Tab 键，可将墙体任意构造层边界线作为对齐对象，来调整墙体与轴线间的相对位置，此操作相当于对墙体做平移，其定位线没有任何改变，如图 3-2-8 所示。

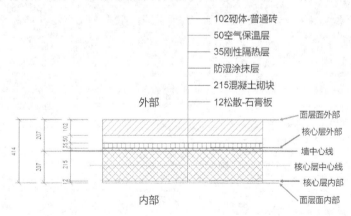

基本墙 CW 102-85-215p

图 3-2-7

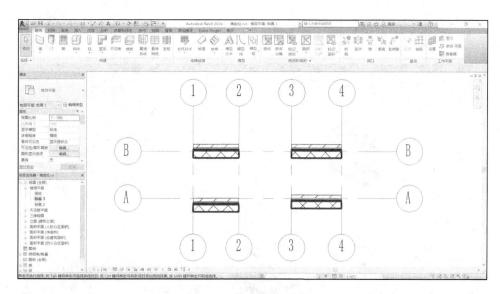

图 3-2-8

若想更改墙体的定位线，需选择墙体，修改"属性"设置任务窗格中的"定位线"参数，如图 3-2-9 所示。

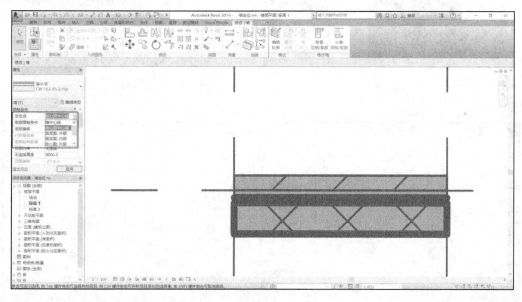

图 3-2-9

试着按要求创建高度 3500 的墙体，平面尺寸及构造做法如图 3-2-10 所示。

2. 墙构造

根据设计及使用要求，每种类型的墙体通常是由不同厚度、不同材料的多个构造层构成的一个整体，如图 3-2-11 所示。

墙构造做法

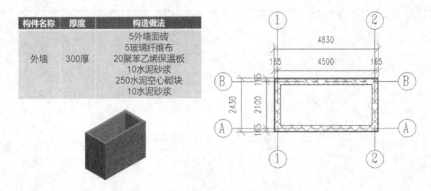

构件名称	厚度	构造做法
外墙	300厚	5外墙面砖 5玻璃纤维布 20聚苯乙烯保温板 10水泥砂浆 250水泥空心砌块 10水泥砂浆

图 3-2-10

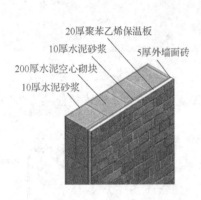

图 3-2-11

应用 Revit 创建墙体，选择"建筑"选项卡→"墙"下拉菜单→"墙：建筑"命令，以"基本墙 常规-200mm"作为基础类型，单击"属性"设置任务窗格中的"编辑类型"按钮，弹出"类型属性"对话框，在对话框中，单击"复制"按钮，即可创建一个新的基本墙类型,命名为"外墙"，如图 3-2-12 所示。

图 3-2-12

新类型墙体的构造做法要通过设置"类型属性"对话框中相应结构参数来实现。
单击"结构"选项右侧的"编辑"按钮（图 3-2-13），弹出"编辑部件"对话框。

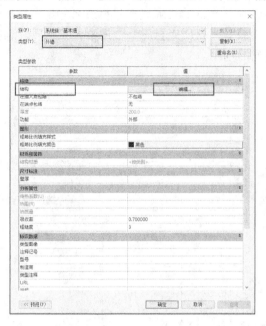

图 3-2-13

如图 3-2-14 所示，"插入"按钮用于插入新的功能层，每个功能层都可以进行墙体功
能名称的选择、材质的选择和厚度的修改，下方"预览"按钮可以打开或是关闭预览窗口，
预览窗口可以切换为剖面或楼层平面两种视图预览墙体构造做法。

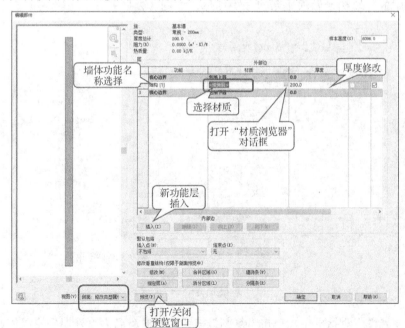

图 3-2-14

单击"材质"栏下"<按类别>"右侧的下级对话框按钮，打开"材质浏览器"对话框，如图 3-2-15 所示。单击"显示/隐藏库面板""显示/隐藏库树状图"按钮，将"材质浏览器"对话框显示为如图 3-2-15 所示样式。可通过在"材质名称搜索"栏中输入关键字，在当前项目"可直接使用材质"或是"材质库材质"中搜索相关材质，选择后使用。单击"按类别"按钮可用于取消材质的选用。

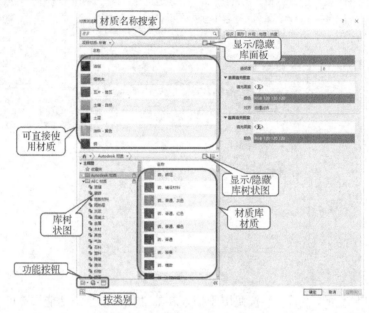

图 3-2-15

根据图中的外墙构造做法来新建一类墙体，如图 3-2-16 所示。

某建筑物墙体构件参数表

构件名称	厚度	构造做法
外墙	370厚	15外墙面砖 5玻璃纤维布 90聚苯乙烯保温板 10水泥砂浆 240水泥空心砌块 10水泥砂浆
内墙	240厚	5外墙面砖 5玻璃纤维布 20聚苯乙烯保温板 10水泥砂浆 190水泥空心砌块 10水泥砂浆

15外墙面砖
5玻璃纤维布
90聚苯乙烯保温板
10水泥砂浆
240水泥空心砌块
10水泥砂浆

外墙详图

图 3-2-16

在"类型属性"对话框中，单击"复制"按钮，创建命名为"外墙"的墙体。单击"结构"选项右侧"编辑"按钮打开"编辑部件"对话框。由于该外墙共有 6 个构造层，可以连续单击"插入"按钮五次，插入 5 个构造层，选中新插入的其中的 4 个构造层，单击"向上"移至核心边界以上，选中新插入的剩余的 1 个构造层，单击"向下"移至核心边界以下。

将最上方的构造层功能由默认的结构[1]改为面层 1[4]，厚度改为 15。打开"材质浏览器"对话框，在下方材质库中选择"砖，普通，红色"，选择后方出现的"将材质添加到文档中"命令，在窗口上方"项目材质"列表中找到新添加的"砖，普通，红色"，右击，选择"复制"命令，并重新命名为"外墙面砖"，单击"确定"按钮，完成材质的选择。

将第二个构造层功能由默认的结构[1]改为面层 1[4]，厚度改为 5。打开"材质浏览器"对话框，可在搜索窗口中输入玻璃纤维，在下方材质库中选择玻璃纤维加强型石膏，添加到文档中，右击，选择"复制"命令并重新命名为"玻璃纤维布"，单击"确定"按钮，完成材质的选择。

将第三个构造层功能由默认的结构[1]改为保温层/空气层[3]，厚度改为 90。打开"材质浏览器"对话框，在搜索窗口中输入聚苯乙烯，在下方材质库中选择聚苯乙烯，添加到文档中，右击，选择"复制"命令，并重新命名为"聚苯乙烯保温板"，单击"确定"按钮，完成材质的选择。

将第四个构造层功能由默认的结构[1]改为衬底[2]，厚度改为 10。打开"材质浏览器"对话框，在搜索窗口中输入水泥砂浆，在下方材质库中选择项目材质中的水泥砂浆，添加到文档中，单击"确定"按钮，完成材质的选择。

将原有的结构[1]构造层，厚度改为 240。打开"材质浏览器"对话框，在搜索窗口中输入砌块，在下方材质中选择项目材质中的混凝土砌块，添加到文档中，右击，选择"复制"命令，并重新命名为"水泥空心砌块"，单击"确定"按钮，完成材质的选择。

将最后一个构造层功能由默认的结构[1]改为面层 2[5]，厚度改为 10。打开"材质浏览器"对话框，在下方材质库中选择项目材质中的水泥砂浆，添加到文档中，单击"确定"按钮，完成材质的选择，如图 3-2-17 所示。

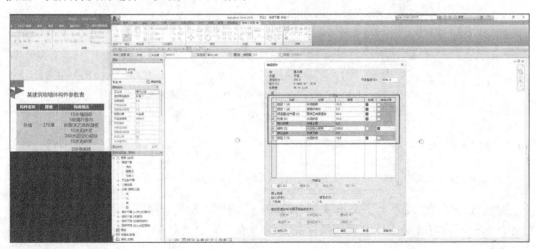

图 3-2-17

最后单击"类型属性"对话框中的"确定"按钮完成外墙构造的创建。

需要强调一点，墙体各功能层只能从六种墙体功能中进行选择，并且各名称后面方括号中的数字代表着各层优先级，数字越小，优先级别越高，允许设置多个级别相同的功能表，当级别不同时，一定要将优先级别高的功能层靠近核心结构层才可设置成功，如图 3-2-18 所示。

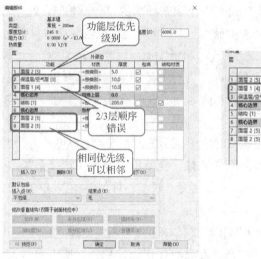

图 3-2-18

某建筑物内外墙构件参数如图 3-2-19 所示，请试着创建两类墙体。

某建筑物内外墙构件参数表

构件名称	厚度	构造做法
外墙	300厚	5外墙面砖 5玻璃纤维布 20聚苯乙烯保温板 10水泥砂浆 250水泥空心砌块 10水泥砂浆
内墙	200厚	10水泥砂浆 180水泥空心砌块 10水泥砂浆

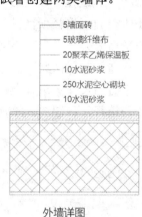

外墙详图

图 3-2-19

3.2.3　编辑墙体

1．当前标高编辑墙体

可通过"修改｜墙"上下文选项卡中的移动、复制、旋转、阵列、镜像、对齐、拆分、修剪等命令，实现当前标高范围内墙体的快速创建、编辑，如图 3-2-20 所示。

编辑墙体

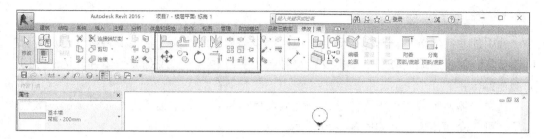

图 3-2-20

2. 跨标高复制墙体

若要将当前标高的墙体复制到其他楼层，则需通过"剪贴板"进行跨楼层的复制，如图 3-2-21 所示。

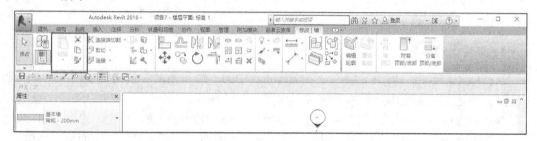

图 3-2-21

首先，选择要复制的墙体，单击"修改 | 墙"上下文选项卡中的"复制到剪贴板"按钮，如图 3-2-22 所示。然后，选择"修改 | 墙"上下文选项卡中"粘贴"下拉菜单中的"与选定的标高对齐"命令，如图 3-2-23 所示。出现"选择标高"对话框，选择一个或按 Ctrl 键加选多个标高，单击"确定"按钮，即可实现墙体的跨高度复制，如图 3-2-24 所示。

图 3-2-22   图 3-2-23   图 3-2-24

3．绘图区域调整墙体

选中创建好的墙体，墙体一侧会出现两个指向相反的箭头，称为反转符号，反转符号所在位置一侧表示墙的外面，单击反转符号或按空格键，可实现翻转墙体外部边的方向，如图 3-2-25 所示。

选中墙体两个端点处出现的蓝色圆点为墙体拖曳点，选中拖曳点后按住鼠标左键进行拖拉，可改变墙体长度，如图 3-2-26 所示。

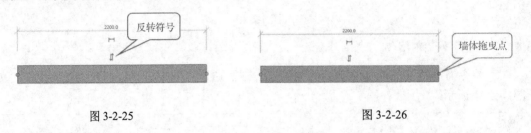

图 3-2-25　　　　　　　　　　　　　　　　　图 3-2-26

4．编辑立面轮廓

选择墙体，单击"修改｜墙"上下文选项卡中的"编辑轮廓"按钮，按提示选择一个立面后，可进入绘制轮廓草图编辑模式，如图 3-2-27 所示。

使用"直线""多边形""样条曲线"等绘图工具绘制封闭轮廓，单击"修改｜墙>编辑轮廓"上下文选项卡中的"完成编辑"按钮，退出编辑模式，可生成任意立面形状的墙体，如图 3-2-28 所示。

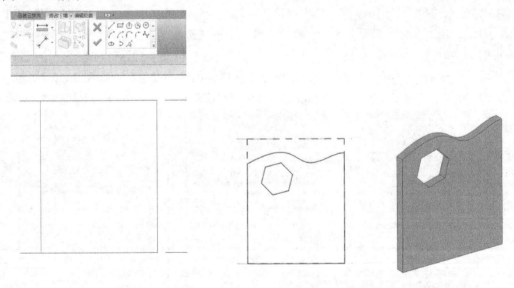

图 3-2-27　　　　　　　　　　　　　　　　　图 3-2-28

如需还原原始立面形状，选择墙体后，单击"修改｜墙"上下文选项卡中的"重设轮廓"按钮即可，如图 3-2-29 所示。

5. 附着顶部/底部、分离顶部/底部

选择墙体，单击"修改｜墙"上下文选项卡中的"附着顶部/底部"按钮，选择要附着到的屋顶、楼板或天花板，墙体立面形状自动发生变化，连接到所选图元上，如图 3-2-30 所示。

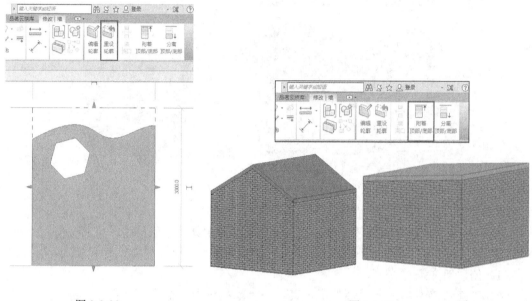

图 3-2-29   图 3-2-30

选择墙体，单击"修改｜墙"上下文选项卡中的"分离顶部/底部"按钮，选择与其连接的屋顶、楼板或天花板，墙体与所选图元分离，立面恢复原状，如图 3-2-31 所示。

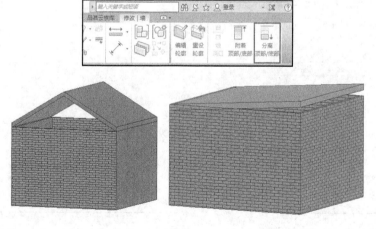

图 3-2-31

创建墙体是应用 Revit 进行建筑建模中较为重要、复杂的一部分内容，当前标高编辑墙体、跨标高复制墙体、绘图区域调整墙体三种方法，能够帮助用户大大减少重复创建墙体操作次数、提升建模速度。编辑立面轮廓、附着顶部/底部、分离顶部/底部功能的使用，可以为特殊部位墙体编辑提供简便、精确的方法。

3.2.4 墙饰条、墙分隔条

根据设计及使用要求，墙体立面上会存在如室外散水、墙装饰脚线、女
儿墙压顶、墙体分割线等凸出墙表面或凹进墙表面的构造做法，它们可以看
作是依附于墙主体的带状模型，如图 3-2-32 所示。

墙饰条、墙分隔条

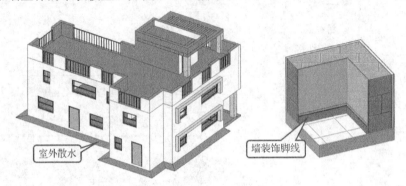

图 3-2-32

应用 Revit 软件创建墙脚线、墙分割线等依附于墙主体的带状模型，可通过使用"墙：
饰条""墙：分隔条"命令快速完成。

（1）创建墙饰条

选择"建筑"选项卡→"墙"下拉菜单→"墙：饰条"命令，如图 3-2-33 所示。在
"修改｜放置 墙饰条"上下文选项卡中选择"水平"或者"垂直"放置方式，如图 3-2-34
所示。

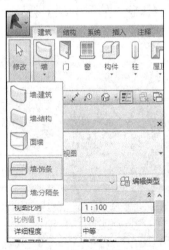

图 3-2-33　　　　　　　　　　　　　　　图 3-2-34

需在立面或三维视图上放置墙饰条，当放置完一组连续的墙饰条后，需单击"修改｜放
置 墙饰条"上下文选项卡中的"重新放置墙饰条"按钮，才可继续放置水平或竖直的墙饰
条，全部放置后，在绘图区域空白处右击，单击"取消"按钮退出。

（2）编辑墙饰条

使用"墙：饰条"命令创建的墙饰条，可以选中后直接进行编辑，如图 3-2-35 所示。

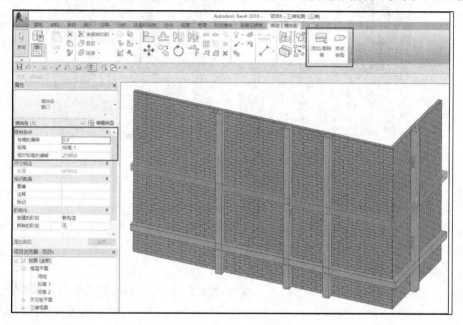

图 3-2-35

选中一根水平墙饰条，单击"修改｜放置 墙饰条"上下文选项卡中的"添加/删除墙"按钮，单击两相交墙体其中的一面墙，带有饰条的，饰条被删除，没有饰条的，饰条被添加上。饰条被选中后，也可以通过单击"修改｜放置 墙饰条"上下文选项卡中的"删除"按钮直接删除。水平饰条被选中后，可以通过"属性"设置任务窗格改变相对标高的偏移量。垂直饰条被选中后，可以通过"属性"设置任务窗格改变与墙体表面的偏移距离。

选中墙饰条，单击"属性"设置任务窗格中的"编辑类型"按钮，弹出"类型属性"对话框，在对话框中可以对轮廓、材质等参数进行编辑，还可以通过单击"复制"按钮创建新的墙饰条类型。

墙分隔条可用于创建模型外装饰凹槽。创建与编辑方法与墙饰条基本相同。

3.3 创 建 幕 墙

学习目标

熟悉幕墙的基本属性和编辑方法。

掌握创建幕墙的方法。

幕墙

3.3.1 幕墙概述

幕墙是建筑的外墙维护，主要应用于现代大型建筑和高层建筑，如图 3-3-1 所示。

图 3-3-1

（1）幕墙的作用

幕墙是指建筑的外墙围护，本身不承重，通过支承结构附着在建筑结构上，在现代大型建筑和高层建筑中应用广泛，其主要采用各种强劲、轻盈、美观的建筑材料代替传统的砖石或窗墙外立面，起到装饰的效果。

（2）幕墙的特点

首先，幕墙具有轻质、美观的特点，在相同的面积下，玻璃幕墙相比于传统的砖石外墙的重量大大减小，从而减少了基础工程费用；由于质量轻可以根据需求设计成各种造型，也可呈现出不同的颜色，与周围环境相协调，艺术效果好。其次，幕墙采用柔性设计，抗风抗震能力都较强，采用现代系统化施工方法质量控制效果好，工期短。最后，由于幕墙在建筑外围结构搭建，方便维修和更新。

（3）幕墙的构成

幕墙由幕墙网格、竖梃和幕墙嵌板组成，如图 3-3-2 所示。其中，幕墙网格将幕墙划分为若干个幕墙嵌板，竖梃是分割相邻嵌板的结构。

（4）创建幕墙命令

在 Revit 中，幕墙有三种类型，分别为幕墙、外部玻璃和店面，如图 3-3-3 所示。幕墙的绘制和编辑方法与墙体相似。

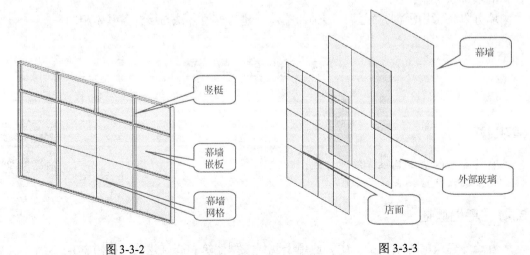

图 3-3-2　　　　　　　　　　　　　　　　　图 3-3-3

单击"建筑"选项卡中的"墙"按钮，可激活"墙"命令，如图 3-3-4 所示。

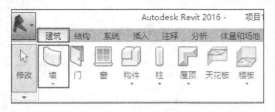

图 3-3-4

选择"墙"下拉列表中的"墙:建筑"命令，如图 3-3-5 所示，在"属性"设置任务窗格基本墙类型中可看到不同类型的幕墙，如图 3-3-6 所示。

图 3-3-5

图 3-3-6

3.3.2　创建幕墙方法

（1）幕墙绘制与编辑

创建幕墙与创建墙类似，先读取图纸上幕墙的位置和标高，然后选择对应平面。在项目浏览器中双击"楼层平面"中的"标高 1"，如图 3-3-7 所示，进入标高 1 平面视图。在"属性"设置任务窗格基本墙类型中选择"幕墙"选项，自动激活"修改｜放置 墙"选项栏，可以对幕墙高度/深度等进行设置，如图 3-3-8 所示。在"属性"设置任务窗格中也可以对幕墙的底部限制条件、底部偏移、顶部约束等参数进行设置；单击"属性"设置任务窗格中的"编辑类型"按钮，弹出"类型属性"对话框，在对话框中可以对幕墙的功能、自动嵌入、幕墙嵌板等参数进行设置，如图 3-3-9 所示。

图 3-3-7

图 3-3-8

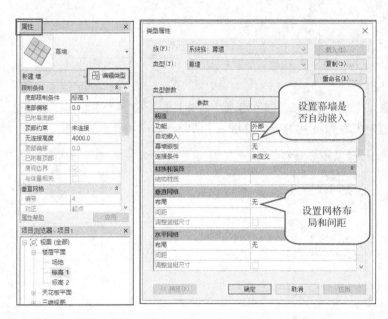

图 3-3-9

（2）幕墙网格的绘制和编辑

在"垂直网格"栏和"水平网格"栏中选择"固定距离"，其他参数默认设置，如图 3-3-10 所示，绘制一段长 1000mm 的幕墙，切换到南立面视图，如图 3-3-11 所示，选择幕墙网格（若选不中可通过按 Tab 键切换）即可对网格进行修改，如图 3-3-12 所示。

如果未在"类型属性"对话框中设置幕墙网格，绘制出的则是无网格幕墙，这时可通过单击"构建"面板中的"幕墙网格"按钮（图 3-3-13），自动进入"修改 | 放置 幕墙网格"上下文选项卡（图 3-3-14），使用"放置"面板中的命令对幕墙进行网格划分。其中"全部分段"为添加整条网格线，"一段"为添加一段网格线细分嵌板，"除拾取外的全部"为先添加一条红色的整条网格线，再单击删除的某段，其余的添加网格线，如图 3-3-15 所示。

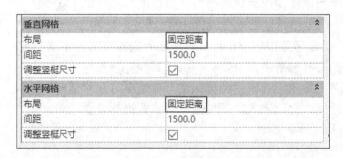

图 3-3-10

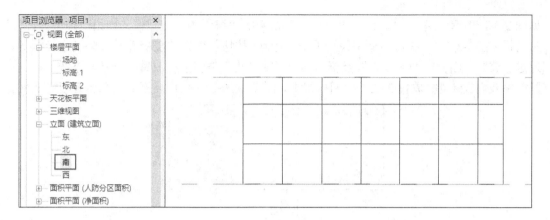

图 3-3-11

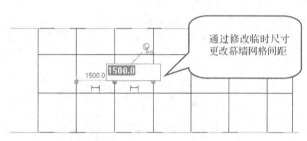

图 3-3-12

图 3-3-13　　　　　　　　　　　　　　　　图 3-3-14

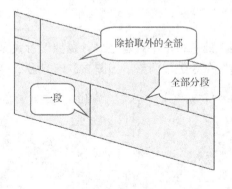

图 3-3-15

（3）竖梃的绘制和编辑

单击"构建"面板中的"竖梃"按钮，自动进入"修改 | 放置 竖梃"上下文选项卡，

如图 3-3-16 所示。单击"属性"设置任务窗格中的"编辑类型"按钮，弹出"类型属性"对话框（图 3-3-17），在对话框中通过单击"复制"按钮创建新的竖梃并对该竖梃进行编辑。通过"放置"面板中的命令布置竖梃，其中"网格线"是将竖梃放置在一条网格线上，"单段网格线"是将竖梃放置在某一段网格线上，"全部网格线"是将竖梃放置在所有网格线上。

图 3-3-16

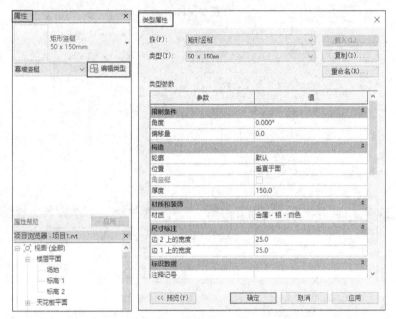

图 3-3-17

（4）竖梃的连接

布置竖梃后，发现连接处有很多不合理之处，需要进行调整。选中需要调整的一段竖梃，选择"切换竖梃连接"命令进行调整，如图 3-3-18 所示。

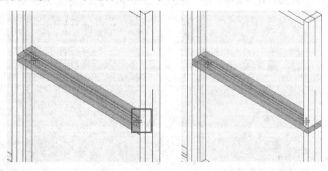

图 3-3-18

3.3.3 幕墙嵌板的替换

为了保证通行或通风，需要在幕墙中设置可开启的窗和门，在 Revit 中将普通玻璃嵌板替换为窗嵌板和门嵌板即可实现该功能。

（1）绘制窗嵌板

选择要替换的幕墙嵌板（无法选中时可按 Tab 键进行切换），单击"属性"设置任务窗格中的"编辑类型"按钮，弹出"类型属性"对话框。在对话框中单击"载入"按钮，如图 3-3-19 所示，依次打开"建筑"→"幕墙"→"门窗嵌板"文件夹，选择"窗嵌板_上悬无框铝窗"文件，并单击"打开"按钮，如图 3-3-20 所示，最后单击"确定"按钮。

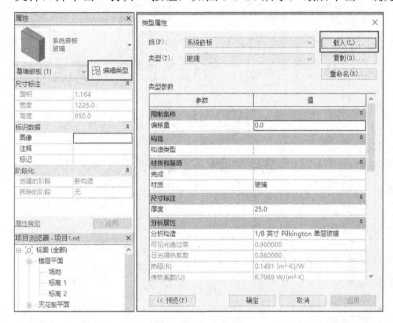

图 3-3-19

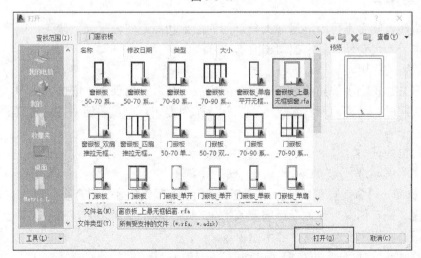

图 3-3-20

（2）绘制门嵌板

与窗嵌板绘制方法类似，选择"门嵌板_双开门 1"，如图 3-3-21 所示。这里需要注意的是，如果之前已经载入了相同的门窗嵌板，再载入的时候在"族（F）"中就不会出现想要的门窗嵌板，这时在"系统嵌板"下拉菜单中选择即可，如图 3-3-22 所示。

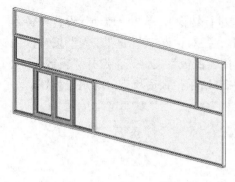

图 3-3-21　　　　　　　　　　　　　　　　　图 3-3-22

3.4　创 建 门 窗

学习目标

熟悉门窗的类型属性和编辑方法。

掌握绘制门窗的方法。

门窗

3.4.1　门窗概述

门窗是建筑物必不可少的组成部分，门的主要功能是室内采光、隔热、隔声、防火、防水等。本节的主要任务是掌握门窗的创建方法。

（1）门窗的作用

门和窗是建筑物围护结构系统中重要的组成部分，具有保温、隔热、隔声、防水、防火等功能；同时，门窗的形状、尺寸、比例、排列方式、色彩、造型等对建筑的整体造型都有很大的影响。

（2）门窗的分类

门窗（图 3-4-1）分类如下。

1）按材质，门窗大致可以分为木门窗、钢门窗、塑钢门窗、铝合金门窗、玻璃钢门窗、不锈钢门窗、铁花门窗。现如今门窗及其衍生产品的种类不断增多，档次逐步上升，如隔热断桥铝门窗、铝木复合门窗、实木门窗等。

2）按功能，门可分为防盗门、自动门、旋转门。

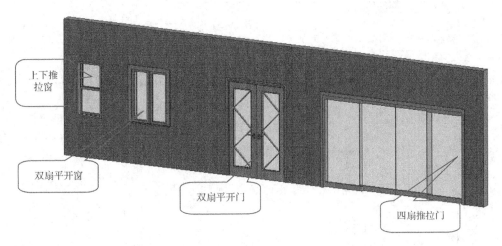

图 3-4-1

3）按开启方式，窗可分为固定窗、上悬窗、中悬窗、下悬窗、立转窗、平开窗、滑轮平开窗、滑轮窗、平开下悬窗、推拉窗、推拉平开窗，门可分为折叠门、地弹簧门、提升推拉门、推拉折叠门、内倒侧滑门。

4）按性能，门窗可分为隔声型门窗、保温型门窗、防火门窗、气密门窗。

5）按应用部位，门窗可分为内门窗、外门窗。

（3）创建门窗命令

在 Revit 中，门窗是基于主体的构件，依赖于主体图元而存在的附属构件，门窗构件属于族，在项目中可以通过修改族类型和族参数而形成新的门窗构件。

在绘制门窗之前，首先绘制一段建筑墙，在项目浏览器中双击楼层平面中的标高 1，进入标高 1 平面视图，单击"建筑"选项卡中的"门"按钮，可激活"门"命令，如图 3-4-2 所示。

窗的创建方法与门类似。

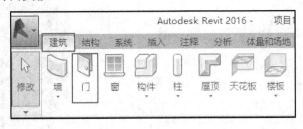

图 3-4-2

3.4.2　创建门窗方法

1. 绘制门窗

单击"门"按钮后，单击"属性"设置任务窗格中的"编辑类型"按钮，弹出"类型属性"对话框，如图 3-4-3 所示，单击"类型属性"对话框中"载入"按钮可以新建门构件，同时在对话框中可以对门的构造、材质、尺寸等参数进行编辑。

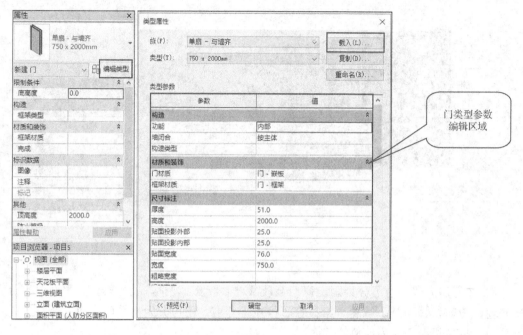

图 3-4-3

载入的门族文件尺寸一般与图纸不一致，如果直接修改系统门族文件将影响以后的调用，因此需要单击"复制"按钮新建门构件，如图 3-4-4 所示。此时已经激活了"门"命令，根据图纸要求放置在墙构件上即可，如图 3-4-5 所示。

窗的绘制方法与门一致。

图 3-4-4

图 3-4-5

2. 门窗的编辑

门窗尺寸有两种方式进行修改，分别是修改门窗的实例参数和修改门窗的类型参数。

选中门构件，在"属性"设置任务窗格中修改门的"标高""底高度""顶高度"等实例参数，如图 3-4-6 所示。单击"属性"设置任务窗格中的"编辑类型"按钮，弹出"类型属性"对话框，在对话框中可以对门的类型参数进行修改，如图 3-4-7 所示。

图 3-4-6

图 3-4-7

窗的编辑方法与门一致。

需要注意的是，修改类型参数和实例参数的效果不同：修改实例参数只针对单个构件在项目中的参数，而修改类型参数针对项目中所有该类型的门窗。

3.4.3　门窗标记

门窗标记默认按类型标记，在编辑门窗族类型参数的"类型标记"选项中填写。门窗标记有两种形式，分别是手动标记和自动标记。

1. 手动标记

单击"注释"选项卡"标记"面板中的"按类别标记"按钮，如图 3-4-8 所示，进入"修改 | 标记"选项栏，在选项栏中可以设置标记方向和引线，将光标移动到门窗上单击进行标注，如图 3-4-9 所示。

图 3-4-8

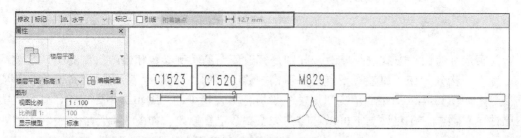

图 3-4-9

　　若在标记后发现标记值与图纸不符,可以直接修改标记值或选择要标记的门窗修改"类型标记"值,如图 3-4-10、图 3-4-11 所示。对于标记后需要调整标记位置时可以将光标移动至标记上,出现"✛"符号后进行拖动直至标记位置满足要求,如图 3-4-11 所示。

图 3-4-10

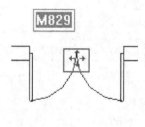

图 3-4-11

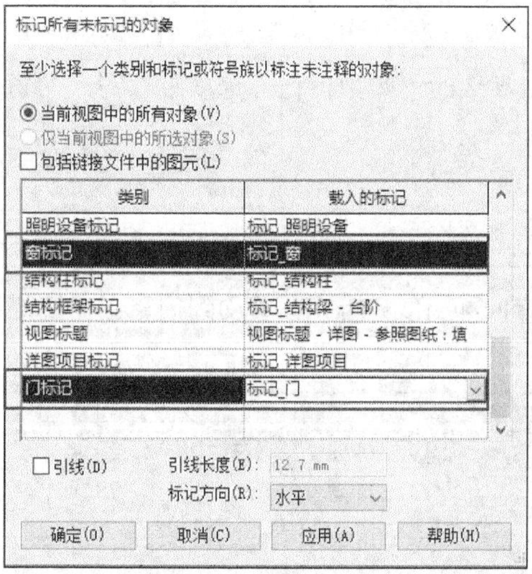

2. 自动标记

　　当门窗构件较多无法手动标记时可采用自动标记,单击"注释"选项卡"标记"面板中的"全部标记"按钮,如图 3-4-8 所示,弹出"标记所有未标记的对象"对话框,在对话框中选择"门标记""窗标记",单击"确定"按钮,所有门窗即标记完成,如图 3-4-12 所示,最后对标记位置进行微调。

图 3-4-12

3.5　创建梁、柱

学习目标

了解梁、柱结构的分类和作用。

掌握梁、柱的创建和编辑方法。

3.5.1　梁、柱概述

（1）梁、柱的作用

梁由支座支承，承受的外力以横向力和剪力为主，是以弯曲为主要变形的构件，是建筑上部构架中最为重要的部分；柱是建筑物中用以支承梁、桁架、楼板的竖向杆件，在工程结构中主要承受压力，有时也同时承受弯矩作用。

（2）梁、柱的分类

梁的分类方法比较多，根据受力特点，梁一般可分为拉弯梁、压弯梁及以承受剪力为主的抗剪力梁等。根据截面几何形状，梁可以分为矩形梁、圆形梁、L 形梁、T 形梁、工字钢梁及其他异形梁等。梁结构受力特点，一般就是以受弯为主，与其他结构构件形成典型的区分。

柱是一种竖向结构构件，也可以有一定的倾斜，形成倾斜形的柱。柱按截面几何形状的不同分为矩形柱、圆形柱、I 形柱、T 形柱、工字钢柱及其他异形柱等。柱结构受力特点，一般以受压为主，有时也会承受一定的弯矩作用，柱从结构上可分为构造柱、框架柱、排架柱、抗剪柱等。

（3）创建梁命令

梁需要在平面视图中进行绘制，进入"标高 2"视图，单击"结构"选项卡"结构"面板中的"梁"按钮，如图 3-5-1 所示，进入绘制梁命令模式，默认为工字钢梁。单击"属性"设置任务窗格中的"编辑类型"按钮，弹出"类型属性"对话框，在对话框中可以新建其他形式的梁构件，如图 3-5-2 所示。

图 3-5-1

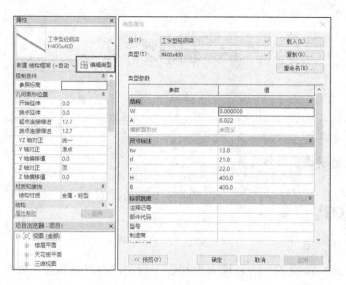

图 3-5-2

（4）创建柱命令

在 Revit 中，柱有两种类型，分别为建筑柱和结构柱。

1）绘制建筑柱命令。柱需要在平面视图中进行绘制，进入"标高 1"视图，单击"建筑"选项卡"构建"面板中的"柱"按钮，在下拉列表中选择"柱：建筑"命令，如图 3-5-3 所示，进入绘制建筑柱命令模式，默认为矩形柱。单击"属性"设置任务窗格中的"编辑类型"按钮，弹出"类型属性"对话框，在对话框中可以通过复制命令新建其他形式的柱构件，如图 3-5-4 所示。

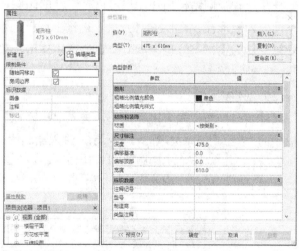

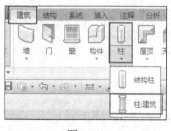

图 3-5-3   图 3-5-4

2）绘制结构柱命令。单击"柱"下拉按钮，在下拉列表中选择"结构柱"命令，如图 3-5-5 所示，或单击"结构"选项卡"结构"面板中的"柱"按钮，如图 3-5-6 所示，进入绘制结构柱命令模式，默认为 UC-常规柱。单击"属性"设置任务窗格中的"编辑类型"按钮，弹出"类型属性"对话框，在该对话框中可以通过复制命令新建其他形式的柱构件，如图 3-5-7 所示。

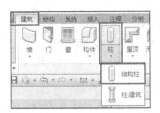

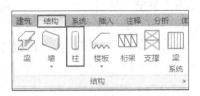

图 3-5-5　　　　　　　　　　　　　　　　　　　图 3-5-6

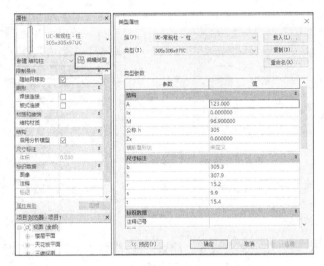

图 3-5-7

3.5.2　创建结构梁

（1）绘制结构梁

通过结构梁命令，单击"类型属性"对话框中的"载入"按钮，依次打开"结构"→"框架"（框架文件夹内为结构梁）→"混凝土"文件夹，选择"混凝土-矩形梁"文件，单击"打开"按钮，如图 3-5-8 所示。

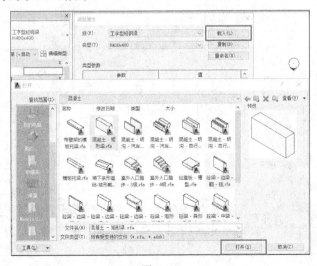

图 3-5-8

单击"复制"按钮，创建名为"混凝土矩形梁"的结构梁，如图 3-5-9 所示，单击"确定"按钮。在"类型属性"对话框中对尺寸进行修改：$b=200$mm，$h=500$mm，如图 3-5-10 所示，单击"确定"按钮，激活放置梁命令模式。

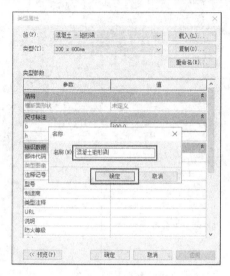

图 3-5-9

图 3-5-10

在"修改 | 放置 梁"选项栏中设置"放置平面："为"标高：标高 2"，"结构用途："为"<自动>"，如图 3-5-11 所示。移动光标绘制一段长 10000mm 的梁，如图 3-5-12 所示。

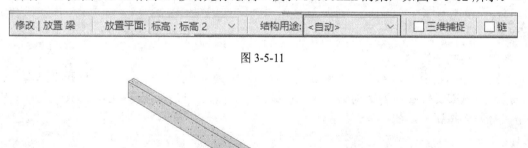

图 3-5-11

图 3-5-12

（2）编辑结构梁

选中该结构梁，在"属性"设置任务窗格中对梁进行编辑，设置"起点标高偏移"为 200mm，"终点标高偏移"为-100mm，如图 3-5-13 所示，此外还可对几何图形的位置及材质等参数进行设置。

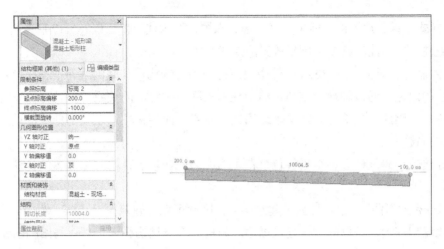

图 3-5-13

3.5.3　创建建筑柱

（1）建筑柱与结构柱的区别

由于现实工程中的建筑柱和结构在功能上存在差异，因此在 Revit 中，建筑柱和结构柱在属性、样式、绘制方式和连接方式上存在较大差异。

柱

1）属性不同。在实际工程中建筑柱主要起装饰而非承重作用，如图 3-5-14 所示；结构柱主要起承重作用。在 Revit 的"属性"设置任务窗格中可以对结构柱钢筋保护层等参数进行设计和分析，如图 3-5-15 所示。

图 3-5-14

图 3-5-15

2）样式不同。建筑柱只能采用竖直形式布置，结构柱不仅可以布置成垂直柱，还可以布置成斜柱，相比建筑柱多了倾斜放置的形式。

3）绘制方式不同。在 Revit 软件中建筑柱作为装饰构件和轴网之间不存在绑定关系，而结构柱的定位是通过轴网确定的，结构柱和轴网是相对应的关系，并且可以设定结构柱随轴网移动。因此，建筑柱只能单个地添加和布置，而结构柱可以基于轴网批量添加或基于建筑柱布置。

部分建筑中建筑柱会将结构柱包裹在里面，因此在建筑柱中可以布置结构柱，反之则不可以。

4）连接方式不同。建筑柱属于建筑图元，因此可以与建筑图元相连。例如，建筑柱可以与建筑墙相连接，可以附着在建筑屋顶。结构柱属于结构图元，可以与结构图元相连。例如，结构柱可以和梁、独立基础等相连。

（2）绘制建筑柱

通过建筑柱命令，单击"类型属性"对话框中的"载入"按钮，依次打开"建筑"→"柱"文件夹，选择"陶立克柱"文件，单击"打开"按钮，如图 3-5-16 所示。

单击"复制"按钮，创建名为"陶立克柱"的建筑柱，如图 3-5-17 所示，单击"确定"按钮。在"类型属性"对话框中对尺寸进行修改：直径=460mm，颈部直径=400mm，如图 3-5-18 所示，单击"确定"按钮，激活放置柱命令模式。

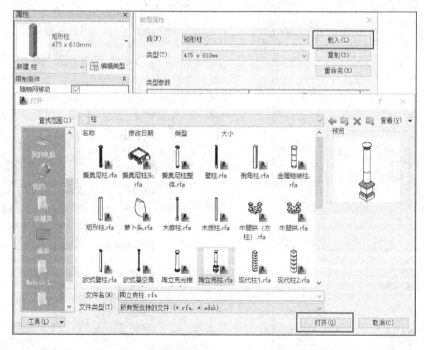

图 3-5-16

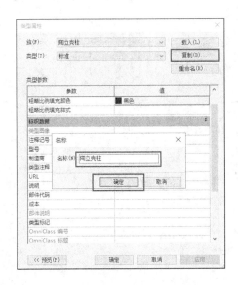
图 3-5-17

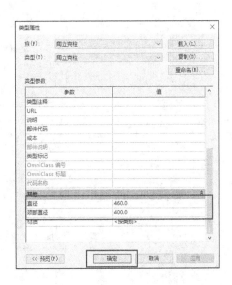
图 3-5-18

在"修改｜放置 柱"选项栏中可以设置高度和深度,选择"高度"为"标高 2",如图 3-5-19 所示。移动光标放置建筑柱,如图 3-5-20 所示。

| 修改\|放置 柱 | □放置后旋转 | 高度: ∨ | 标高 2 ∨ | 4000.0 | ☑房间边界 |

图 3-5-19

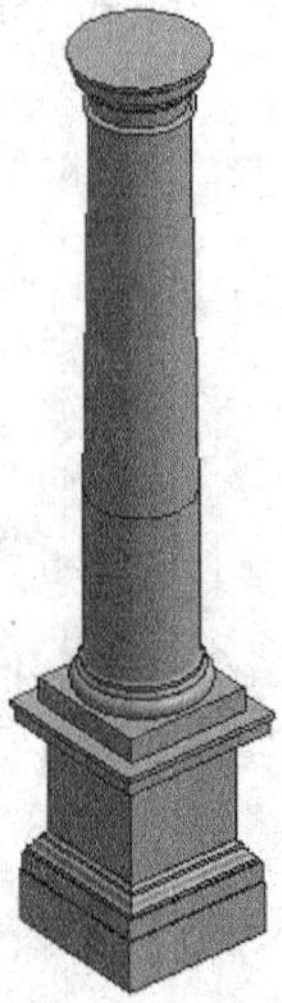

图 3-5-20

3.5.4　创建结构柱

通过结构柱命令,单击"类型属性"对话框中的"载入"按钮,依次打开"结构"→"柱"→"混凝土"文件夹,选择"混凝土-圆形-柱"文件,单击"打开"按钮,如图 3-5-21所示。

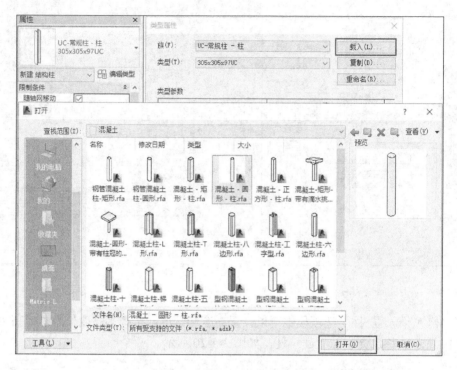

图 3-5-21

　　单击"复制"按钮创建名为"混凝土圆形柱"的结构柱，如图 3-5-22 所示，单击"确定"按钮。在"类型属性"对话框中对尺寸进行修改：$b=450\text{mm}$，如图 3-5-23 所示，单击"确定"按钮，激活放置柱命令模式。

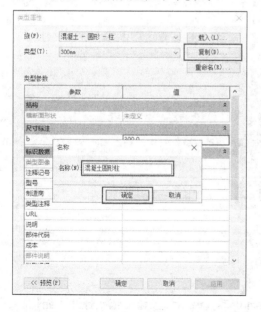

图 3-5-22

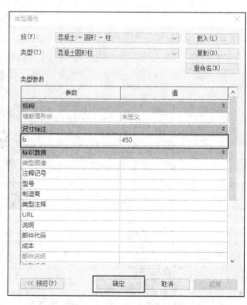

图 3-5-23

在"修改｜放置 结构柱"选项栏中选择"高度"为"标高 2"，如图 3-5-24 所示。移动光标放置结构柱，如图 3-5-25 所示。

| 修改｜放置 结构柱 | □放置后旋转 | 高度: ∨ | 标高 2 ∨ | 2500.0 | ☑房间边界 |

图 3-5-24

图 3-5-25

3.5.5　创建斜柱

单击"柱"按钮自动进入"修改｜放置 结构柱"上下文选项卡，"放置"面板中默认命令是"垂直柱"，绘制垂直柱时可以直接进行下一步。绘制斜柱时需要选择"斜柱"命令，如图 3-5-26 所示，在"修改｜放置 结构柱"选项栏中，"第一次单击"设置为"标高 1"、"0.0"，"第二次单击"设置为"标高 1"、"2000"，如图 3-5-27 所示。

图 3-5-26

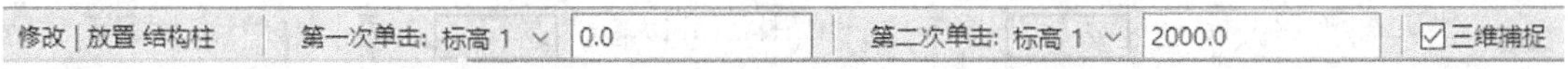

| 修改｜放置 结构柱 | 第一次单击: 标高 1 ∨ | 0.0 | 第二次单击: 标高 1 ∨ | 2000.0 | ☑三维捕捉 |

图 3-5-27

移动光标单击两次绘制斜柱，如图 3-5-28 所示。

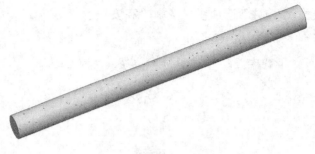

图 3-5-28

3.6 创建楼板、天花板

学习目标

了解楼板、天花板的分类和功能。

熟悉创建天花板的方法。

掌握楼板材质的编辑方法。

楼板　　　　天花板

3.6.1 楼板、天花板概述

（1）楼板、天花板简介

楼板的作用是将自重和上部荷载传递给梁、承重墙、结构柱及基础，按其所用的材料不同可分为木楼板、砖拱楼板、钢筋混凝土楼板和钢衬板承重的楼板等。

天花板主要应用于室内设计，是对装饰室内屋顶材料的总称。过去传统民居中多以草席、苇席、木板等为主要材料，随着科技的进步更多的现代建筑材料被应用进来起到装饰的效果。

（2）创建楼板命令

Revit 提供了四种楼板命令，分别是"楼板：建筑"、"楼板：结构"、"面楼板"和"楼板：楼板边"，如图 3-6-1 所示，其中建筑楼板对应非承重楼板、结构楼板对应承重楼板，在基于体量模型创建楼板时需要应用面楼板，楼板边是楼板的延续。在建筑模型设计中主要应用建筑楼板。

楼板需在平面视图中创建，在项目浏览器中双击"楼层平面"中的"标高 1"，单击"建筑"选项卡"构建"面板中的"楼板"下拉按钮，在下拉列表中选择"楼板：建筑"命令，自动进入到"修改｜创建楼板"上下文选项卡。可以在"建筑"选项卡中使用"楼板"命令创建楼板，也可以在"结构"选项卡中使用"楼板"命令创建楼板。

（3）创建天花板命令

在 Revit 中，提供了两种天花板形式，分别是基础天花板和复合天花板，其中基础天花板适用于绘制直接式天花板，这种绘制形式可以通过定义楼板或屋面板来实现；复合天花板适用于绘制悬吊式天花板，悬吊式天花板由吊筋、龙骨的支撑结构和面板组成。

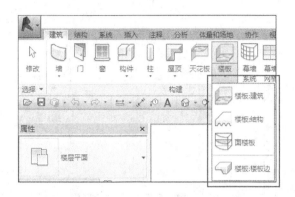

图 3-6-1

　　绘制天花板时要在天花板视图中绘制，在项目浏览器中选择天花板平面视图，不同于其他平面视图，天花板视图是仰视方向，在天花板视图中能更方便地观察绘制完成的天花板。

　　单击"建筑"选项卡→"构建"面板→"天花板"按钮，如图 3-6-2 所示，在"属性"设置任务窗格的类型下拉菜单中可以选择天花板的形式，如图 3-6-3 所示，默认选择复合天花板形式。

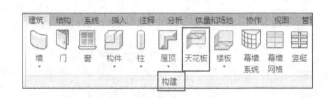

图 3-6-2

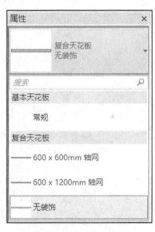

图 3-6-3

3.6.2　创建楼板

（1）绘制楼板

　　打开上节绘制的"梁、柱结构.rvt"文件，选择"标高 2"平面视图，如图 3-6-4 所示。选择"楼板：建筑"命令自动进入"修改 | 创建楼层边界"上下文选项卡，如图 3-6-5 所示。单击"属性"设置任务窗格中的"编辑类型"按钮，弹出"类型属性"对话框，在对话框中单击"复制"按钮创建新的楼板类型，如图 3-6-6 所示。在"绘制"面板中单击"直线"按钮（图 3-6-5）进行绘制，如图 3-6-7 所示。在"绘制"面板中还有"矩形""弧形"等其他绘制命令，可根据具体案例选择合适的命令。

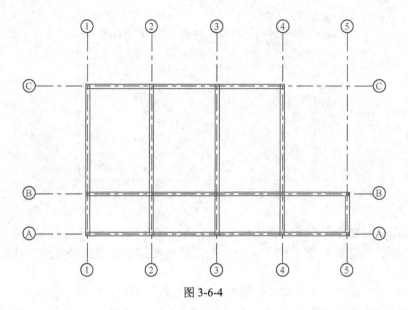

图 3-6-4

图 3-6-5

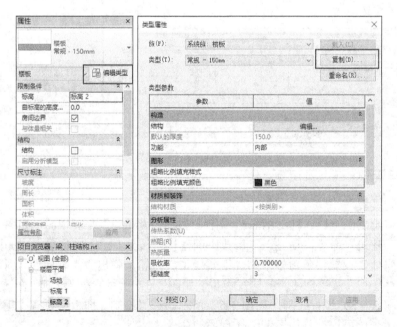

图 3-6-6

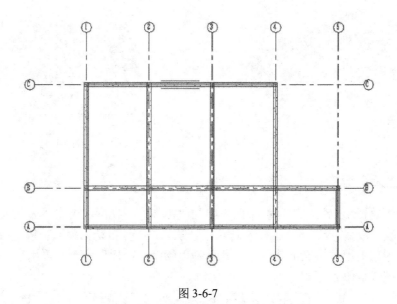

图 3-6-7

单击"完成编辑"按钮完成该楼板的创建，如图 3-6-8 所示。

除绘制平面楼板外，还可以通过单击"坡度箭头"按钮绘制斜楼板，或通过单击"修改子图元"按钮绘制带坡度的楼板。

当在建筑样板下绘制结构楼板时，会弹出"项目中未载入 跨方向符号 族。是否要现在载入？"对话框，如图 3-6-9 所示，单击"否"按钮即可。

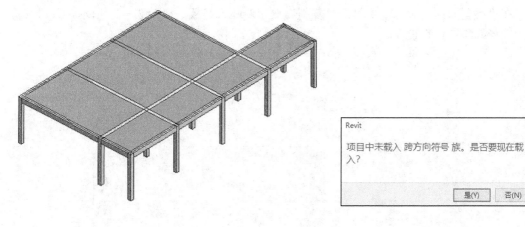

图 3-6-8　　　　　　　　　　　　　　　　图 3-6-9

（2）楼板边

在实际工程中，常遇到对楼板边进行加厚、添加造型等处理工作，这时需要对楼板边进行设置。

首选绘制一块楼板（图 3-6-10），选择"楼板：楼板边"命令，将光标移动至楼板的边缘线上，这时楼板边缘线高亮显示，单击即可放置楼板边缘，如图 3-6-11 所示。

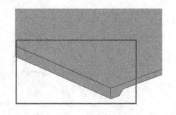

图 3-6-10　　　　　　　　　　　　　　　　　　　图 3-6-11

3.6.3　创建天花板

在项目浏览器中双击"天花板平面"中的"标高 2"视图，单击"天花板"按钮，自动进入"修改｜放置 天花板"上下文选项卡，默认进入"自动创建天花板"命令模式，此模式基于在封闭的墙体情况下使用，因此选择"绘制天花板"命令，采用手动绘制形式进行绘制，如图 3-6-12 所示。

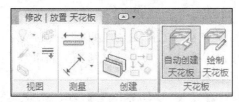

图 3-6-12

在"类型属性"对话框中单击"复制"按钮新建天花板，如图 3-6-13 所示，并对其构造、图形等参数进行设置。

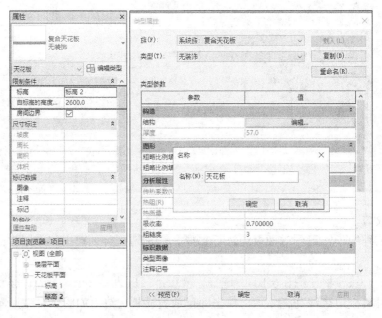

图 3-6-13

单击"确定"按钮后，继续对天花板的标高等参数进行设置，绘制完成后单击"完成编辑"按钮，若未全部显示，将"视图"选项卡中的"详细程度"调整为"精细"，显示如图 3-6-14、图 3-6-15 所示。

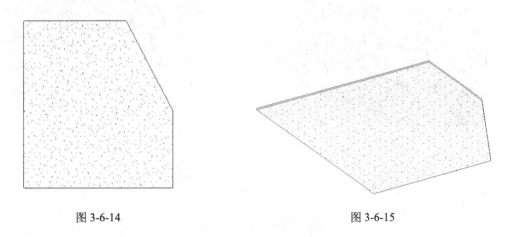

图 3-6-14　　　　　　　　　　　　　　　　　图 3-6-15

3.7　创建屋顶

学习目标

了解屋顶的作用与分类。

掌握不同类型屋顶的创建方法。

掌握定义屋顶的属性参数。

3.7.1　屋顶概述

（1）屋顶的作用

屋顶通常指房屋或构筑物外部的顶盖，其功能是抵御自然界的不利因素，使下部空间具有良好的使用环境。

屋顶是房屋最上层起承重和覆盖作用的构件。它的作用主要有三个：一是抵御自然界的风、霜、雨、雪等侵袭影响，同时起到保温隔热的作用；二是承受自重及风、沙、雨、雪等荷载及施工或屋顶检修人员的活荷载；三是屋顶是建筑物的重要组成部分，对建筑形象的美观起着重要的作用。

（2）屋顶的分类

现代房屋的屋顶，按屋顶的坡度和外形可以分为平屋顶（图 3-7-1）、坡屋顶（图 3-7-2）和其他形式的屋顶（图 3-7-3）。

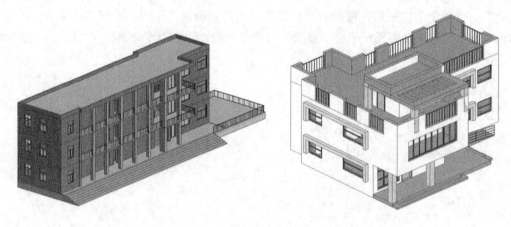

图 3-7-1

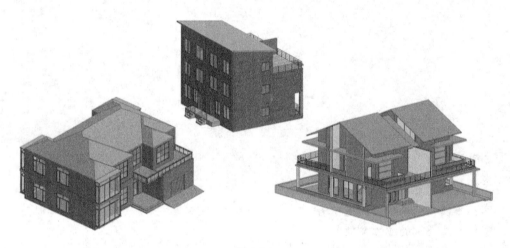

图 3-7-2

图 3-7-3

（3）创建屋顶命令

单击"建筑"选项卡中的"屋顶"按钮，可激活"屋顶"命令，如图 3-7-4 所示。

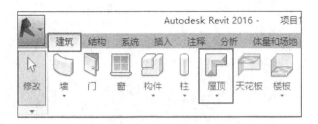

图 3-7-4

单击"屋顶"下拉按钮，可看到不同方式的创建屋顶命令和创建屋顶细节命令，如图 3-7-5 所示。

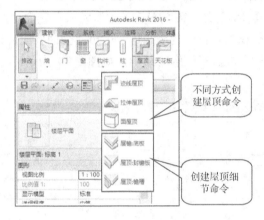

图 3-7-5

3.7.2　创建屋顶方法

（1）用"迹线屋顶"命令创建屋顶

迹线屋顶是在楼层平面视图或天花板投影平面视图，使用建筑迹线定义其边界，指定迹线坡度生成屋顶，如图 3-7-6 所示。使用"迹线屋顶"命令可以创建平屋顶和坡屋顶。

迹线屋顶

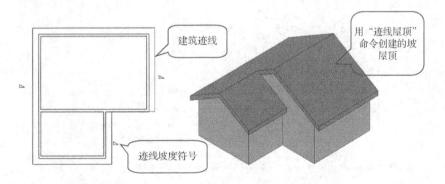

图 3-7-6

创建迹线屋顶前，应将视图切换至屋顶所在的楼层平面视图中。如果当前视图为最低标高，系统会弹出"最低标高提示"对话框，如图 3-7-7 所示，提示用户是否切换标高。

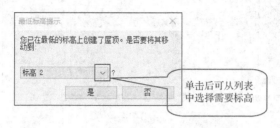

图 3-7-7

执行"迹线屋顶"命令后，即进入了应用迹线创建屋顶模式，在"修改｜创建屋顶迹线"上下文选项卡中选择"边界线"工具对应的绘制迹线草图命令。与绘制楼板草图类似，屋顶迹线也必须为闭合的线框。在绘制迹线过程中可能会需要配合拆分图元、修剪/延伸、复制等修改迹线工具才能完成迹线轮廓的绘制，如图 3-7-8 所示。

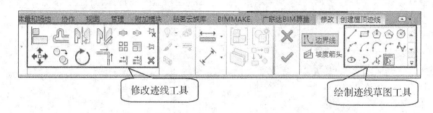

图 3-7-8

所绘制的迹线，可选择一根或多根，通过"属性"设置任务窗格进行坡度大小的设置（图 3-7-9）或取消坡度（图 3-7-10）。有坡度的迹线，属性设置任务窗格中"定义屋顶坡度"处于选中状态，下方可以修改坡度，也可通过单击迹线边出现的坡度数值进行修改，输入的数值默认以"°"为单位，比值类坡度需在比值前加"="的方式输入，例如输入"=1/5"或"=0.2"，系统自动转换为"11.31°"，如图 3-7-11 所示；无坡度的迹线，"属性"设置任务窗格中"定义屋顶坡度"处于非选中状态，下方坡度数值为灰色，不可修改。

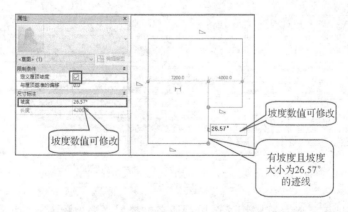

图 3-7-9

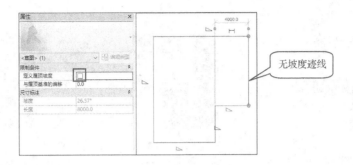

图 3-7-10

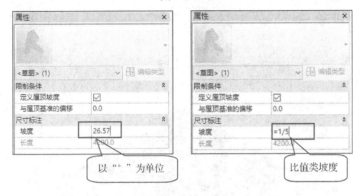

图 3-7-11

完成了迹线的绘制及坡度的定义后，单击选项卡中的"完成编辑模式"按钮，即可完成迹线屋顶的创建，如图 3-7-12 所示。对于已生成的屋顶，双击屋顶，或单击屋顶后再单击选项卡中的"编辑迹线"按钮，可再次回到"修改 | 创建屋顶迹线"上下文选项卡，如图 3-7-13 所示。

若生成的屋顶在平面视图中不能完全显示，可调整楼层平面"属性"设置任务窗格中的"视图范围"，如图 3-7-14 所示。剖切面偏移量不同时，平面视图中屋顶的显示范围不同，如图 3-7-15 所示；也可忽略平面视图的显示，直接切换至三维视图查看屋顶，如图 3-7-16 所示。

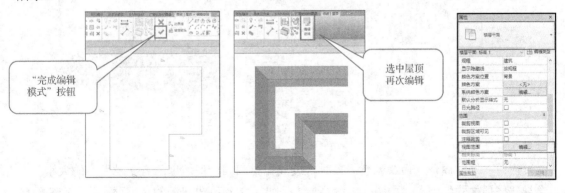

图 3-7-12　　　　　　　　图 3-7-13　　　　　　　　图 3-7-14

图 3-7-15

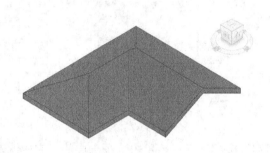

图 3-7-16

若想创建平屋顶，只需将所有迹线的"定义屋顶坡度"设置为非选中状态即可，如图 3-7-17 所示。

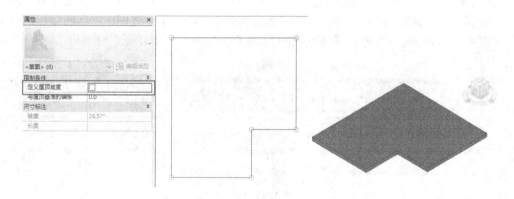

图 3-7-17

应用"迹线屋顶"命令创建屋顶时，迹线完全相同，但坡度的有无及坡度的大小，都会导致屋顶样式的差异，如图 3-7-18 所示，因此，要绘制出正确的坡屋顶，除了准确绘制迹线外，还要会判别坡度的有无和正确输入坡度值。

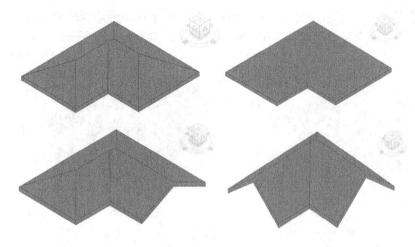

图 3-7-18

　　坡屋顶的起坡方向不与屋顶迹线垂直时，可以选择"坡度箭头"命令创建。完成迹线轮廓绘制后，在"修改丨创建屋顶迹线"上下文选项卡中选择"坡度箭头"命令对应的绘制工具，绘制出起坡方向箭头，单击选项卡中的"完成编辑模式"按钮，完成屋顶的创建，如图 3-7-19 所示。选中某坡度箭头，在"属性"设置任务窗格中可通过修改"坡度"或"尾高"参数，修改坡度箭头对应的起坡坡度，如图 3-7-20 所示。

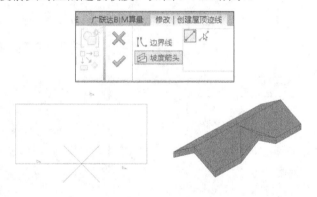

图 3-7-19

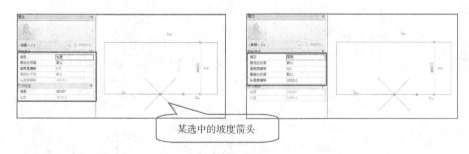

图 3-7-20

（2）用"拉伸屋顶"命令创建屋顶

拉伸屋顶是指通过拉伸绘制的轮廓来创建屋顶。轮廓通常在立面视图、

拉伸屋顶

三维视图或剖视图中绘制，要选择垂直的墙面或参照平面作为绘制轮廓线的工作平面；选择"拉伸屋顶"命令可以创建具有相同截面的屋顶，如图 3-7-21 所示。

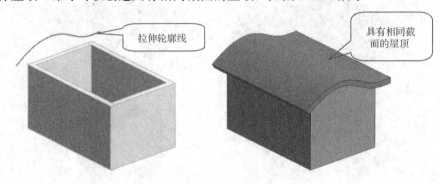

图 3-7-21

　　单击"拉伸屋顶"按钮，弹出"工作平面"对话框，如图 3-7-22 所示，可选择项目中已经存在的墙体、楼板等侧立面作为工作平面，也可在单击"拉伸屋顶"按钮前，在平面视图中的适当位置绘制一个参照平面，拾取该参照平面作为工作平面。拾取工作平面后，系统会弹出提示用户的"转换视图"对话框，如图 3-7-23 所示；或弹出"屋顶参照标高和偏移"对话框，如图 3-7-24 所示。

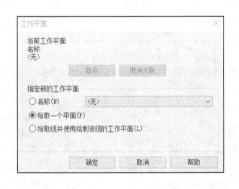

图 3-7-22

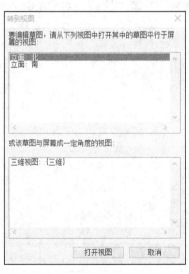

图 3-7-23

图 3-7-24

　　在所转换的视图中，应用"修改 | 创建拉伸屋顶轮廓"上下文选项卡中的绘制轮廓工具，配合拆分图元、修剪/延伸、复制等可修改轮廓线的工具在工作平面上完成单线轮廓的绘制，单击选项卡中的"完成编辑模式"按钮，完成拉伸屋顶的创建，如图 3-7-25 所示。

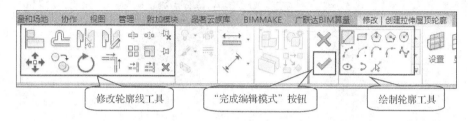

图 3-7-25

　　在平面视图或是三维视图中，单击"拉伸屋顶"按钮，可通过操纵柄调整拉伸长度，如图 3-7-26 所示；也可通过单击临时性尺寸标注数值使其变为可编辑状态，编辑屋顶的拉伸长度，如图 3-7-27 所示；还可通过设置"属性"设置任务窗格中的"拉伸起点""拉伸终点"编辑屋顶的拉伸长度，如图 3-7-28 所示，拉伸起点是相对于创建屋顶时定义的工作平面的位置计算的。

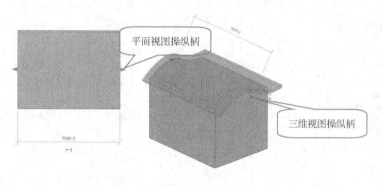

图 3-7-26

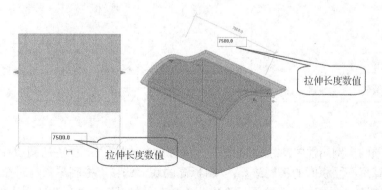

图 3-7-27

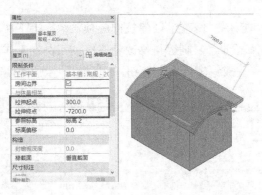

图 3-7-28

3.7.3　编辑屋顶

（1）屋顶的实例属性与类型属性

实例属性，选中屋顶后，在"属性"设置任务窗格中出现该屋顶的实例属性，用户可通过修改相关的实例属性参数编辑屋顶样式，迹线屋顶与拉伸屋顶的实例属性有所不同，如图 3-7-29 所示。

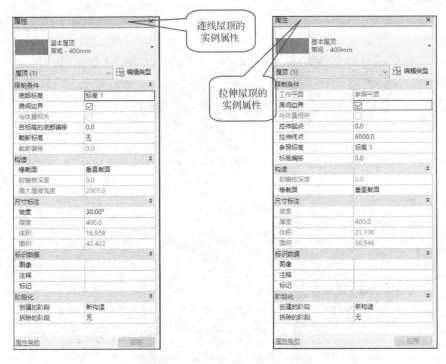

图 3-7-29

迹线屋顶的实例属性中，"底部标高"指屋顶所在的楼层平面；"房间边界"指是否将屋顶定义为计算房间面积时的房间边界；"自标高的底部偏移"控制屋顶与所在的楼层平面标高之间的偏移量；"截断标高"指屋顶会在指定标高处被截断且指定标高以上的部分不显示；"截断偏移"指设置截断标高后，截断位置和截断标高之间的偏移量；"椽截面"用来定义屋檐样式，分为垂直截面、垂直双截面、正方形双截面三种形式；"坡度"用来定义屋顶坡度。

拉伸屋顶的实例属性中，"拉伸起点""拉伸终点"可编辑屋顶的拉伸长度，"拉伸起点"是相对于创建屋顶时定义的工作平面的位置计算的；"参照标高"指屋顶所在的楼层平面；"标高偏移"控制屋顶与所在的楼层平面标高之间的偏移量。

类型属性，单击"属性"设置任务窗格中的"编辑类型"按钮，弹出屋顶的"类型属性"对话框，在对话框中可通过单击"复制"按钮新建屋顶类型。单击"结构"右侧的"编辑"按钮，弹出"编辑部件"对话框，在对话框中可对屋顶结构进行编辑，方法与墙、楼板相似；"粗略比例填充样式"可设置以粗略详细程度显示的屋顶填充图案，"粗略比例填充颜色"为粗略比例视图中的屋顶填充图案应用颜色，如图 3-7-30 所示。

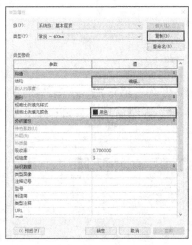

图 3-7-30

（2）屋顶与屋顶的连接

若想将两个屋顶进行连接，如图 3-7-31 所示，单击"修改"选项卡中的"连接/取消连接屋顶"按钮，如图 3-7-32 所示，按照命令提示行提示"选择屋顶端点处要连接或取消连接的一条边"（图 3-7-33 所示实线中任意一根），再在另一个屋顶或墙面上为第一个要连接的屋顶选择面（图 3-7-33 所示虚线所围成的面），即可将两屋顶连接，如图 3-7-34 所示。

图 3-7-31

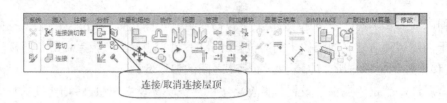

图 3-7-32

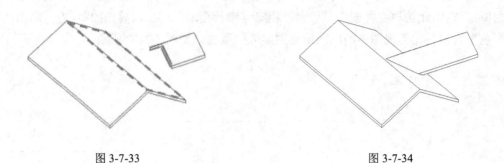

图 3-7-33　　　　　　　　　　　　　　　　　　图 3-7-34

（3）屋顶与墙体的连接

为了让墙体与屋顶紧密结合，可选中墙体后，选择"修改丨墙"上下文选项卡中的"附着顶部/底部"命令，如图 3-7-35 所示，然后选择要连接到的屋顶，将选中墙体与屋顶完成连接，如图 3-7-36 所示。

图 3-7-35

图 3-7-36

（4）玻璃斜窗

屋顶包含"基本屋顶"和"玻璃斜窗"两种族，如图 3-7-37 所示，两者的区别类似于墙族中的"基本墙"与"幕墙"的区别。玻璃斜窗的结构也由竖梃和嵌板构成，如图 3-7-38 所示，创建方式同幕墙的创建方式。

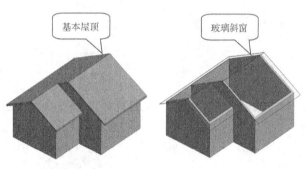

图 3-7-37

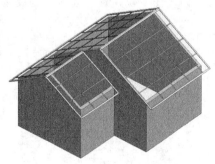

图 3-7-38

3.7.4 案例解析

根据屋顶的平面图（图 3-7-39）创建屋顶模型，以"坡屋顶"命名。

创建屋顶模型案例

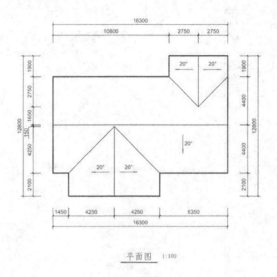

图 3-7-39

1）启动 Revit 软件，调用"建筑样板"（图 3-7-40）新建项目文件，保存并命名为"坡屋顶.rvt"。

图 3-7-40

2）在项目浏览器中双击"楼层平面"中的"标高 2"，单击"建筑"选项卡中的"屋顶"下拉按钮，在下拉列表中选择"迹线屋顶"命令，如图 3-7-41 所示。

图 3-7-41

3）单击"修改 | 创建屋顶迹线"上下文选项卡→"边界线"命令组→"直线"按钮，按平面图所给尺寸，从左上角点顺时针方向绘制一个封闭的迹线轮廓，如图 3-7-42 所示。

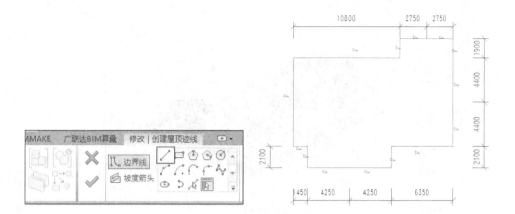

图 3-7-42

4）选中所有迹线，将"属性"设置任务窗格中的"坡度"设置为 20°，如图 3-7-43 所示。

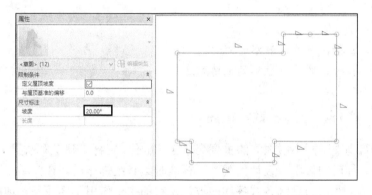

图 3-7-43

5）选中图 3-7-44 中四根迹线，将"属性"设置任务窗格中的"定义屋顶坡度"后方 "√"取消。

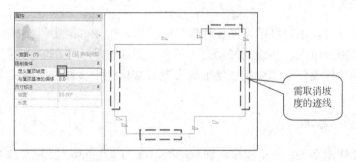

图 3-7-44

6）单击选项卡中的"完成编辑模式"按钮生成屋顶，直接切换至三维视图查看，如 图 3-7-45 所示。

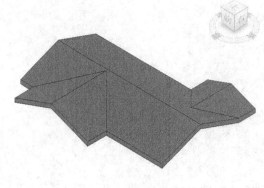

图 3-7-45

3.8　创建楼梯、栏杆、坡道、散水

学习目标

了解楼梯、栏杆、坡道、散水的概念。

掌握楼梯、栏杆、坡道、散水的创建方法。

3.8.1　楼梯、栏杆、坡道、散水概述

楼梯是建筑物中不同楼层之间的垂直交通连接构件。栏杆是建筑和桥梁上的安全设施，可以起到分隔、导向的作用，设计美观的栏杆同时具有装饰作用。在商场、医院、酒店和机场等公共场合，经常会见到各式各样的坡道，它的主要作用是连接高差地面，作为楼面的斜向交通通道和门口通道。散水的作用是迅速排走勒脚附近的雨水，避免雨水冲刷或渗透到地基，防止基础下沉，以保证房屋的牢固耐久。

3.8.2　创建楼梯

使用楼梯工具可以在项目中添加各种样式的楼梯。在 Revit 中，楼梯由楼梯和扶手两部分组成，在绘制楼梯时，可以沿楼梯自动放置指定类型的扶手。与其他构件类似，在创建楼梯前应设置好楼梯类型属性中的楼梯参数。

楼梯——构件创建

1. **按构件绘制楼梯**

例如，创建如图 3-8-1 所示楼梯。梯段踏板深度为 270mm，层高为 4200mm，楼梯开间为 3000mm，进深为 6000mm。为满足踏板深度要求，在 Revit 中，一般将"楼梯最小踏板深度"和"实际踏步深度"参数数值设置一致。

1）切换至标高 1 楼层平面视图。如图 3-8-2 所示，单击"建筑"选项卡"楼梯坡道"面板中的"楼梯"下拉按钮，选择"楼梯（按构件）"命令，进入"修改 | 创建楼梯"上下

文选项卡。

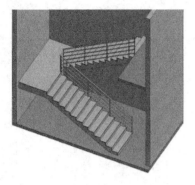

图 3-8-1　　　　　　　　　　　　　　　　　　　　图 3-8-2

【提示】在 Revit 中，楼梯工具包含"楼梯（按构件）"及"楼梯（按草图）"。单击"楼梯"按钮，默认将激活"楼梯（按构件）"命令。

2）单击"属性"设置任务窗格中的"编辑类型"按钮，弹出楼梯"类型属性"对话框，在对话框中，选择族类型为"系统族：现场浇注楼梯"，类型名称为"整体浇筑楼梯"，复制新建名称为"1 号楼梯"的新楼梯类型，如图 3-8-3 所示。

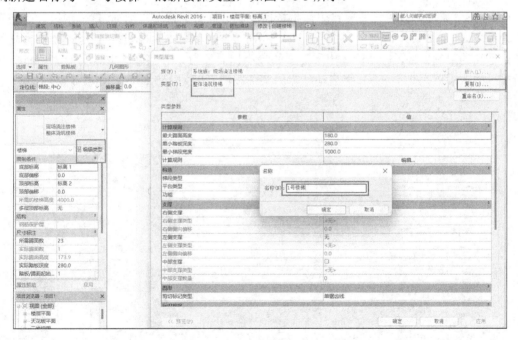

图 3-8-3

3）如图 3-8-4 所示，在"计算规则"区域中，设置"最大踢面高度"为 180，"最小踏板深度"为 270，其余参数默认不变。在"构造"区域中，设置"平台类型"为"整体平台"（图 3-8-5），设置"梯段类型"为"整体梯段"（图 3-8-6），设置"功能"为"内部"。在"支撑"区域中，设置"右侧支撑"和"左侧支撑"均为"无"；取消选中"中部支撑"

复选框，其余参数默认不变。单击"确定"按钮，退出"类型属性"对话框。

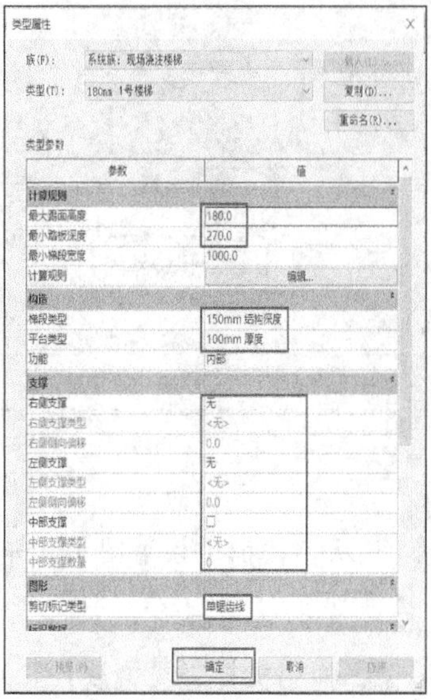

图 3-8-4　　　　　　　　　　　　　　　　图 3-8-5

4）在"属性"设置任务窗格中，将楼梯"底部标高"修改为标高 1，"顶部标高"修改为标高 2。注意 Revit 已经根据类型参数中设置的楼梯最大踢面高度、楼梯的基准标高及顶部标高的限制条件，自动计算出所需要的最小梯面数为 24，实际踏板深度为 270mm。将所需踢面数设置为 26，Revit 将自动计算出实际踢面高度为 153.8mm，如图 3-8-7 所示。

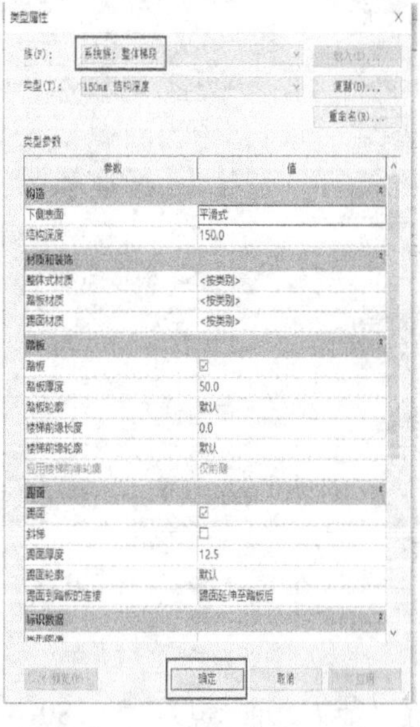

图 3-8-6 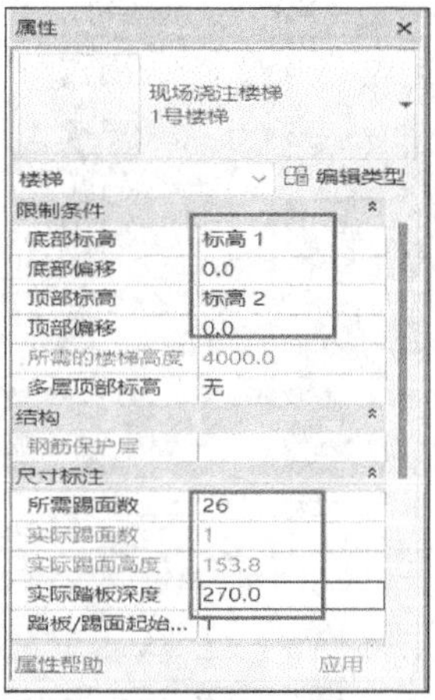　　　　　　　　　　　　　　　　图 3-8-7

5）单击"修改｜创建楼梯"上下文选项卡→"工具"面板→"栏杆扶手"按钮，弹出"栏杆扶手"对话框，如图 3-8-8 所示，在扶手类型下拉列表框中选择"无"，单击"确定"

按钮。

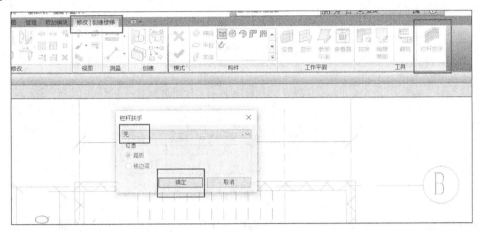

图 3-8-8

6）单击"修改 | 创建楼梯"上下文选项卡→"构件"面板→"梯段"→"直梯"按钮，如图 3-8-9（a）所示。

7）设置选项栏梯段"定位线"为"梯段：右"，"偏移量"为 0，"实际梯段宽度"为 1300，选中"自动平台"复选框，如图 3-8-9（b）所示。

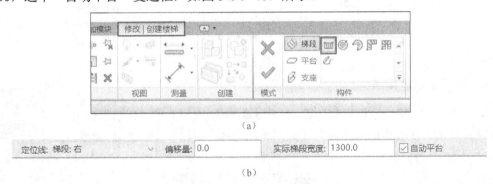

（a）

| 定位线: 梯段: 右 | 偏移量: 0.0 | 实际梯段宽度: 1300.0 | ☑自动平台 |

（b）

图 3-8-9

8）移动光标捕捉至起点位置，单击作为楼梯第一跑起点，沿水平方向向左移动光标，在楼梯预览下方会显示当前光标位置创建的梯面数量。创建完成 13 个踢面时单击完成第一跑梯段的创建，如图 3-8-10 所示。

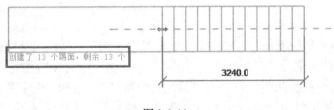

图 3-8-10

9）继续捕捉上方结构左侧起点位置，单击作为楼梯第二跑起点；水平向右侧方向显示

"创建了 13 个踢面，剩余 0 个"时，单击作为梯段终点，即完成梯段的绘制。Revit 会自动生成休息平台，如图 3-8-11 所示。

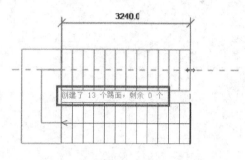

图 3-8-11

10）单击"修改｜创建楼梯"上下文选项卡中的"完成编辑模式"按钮，完成楼梯的绘制，如图 3-8-12 所示。切换至三维视图查看效果。

图 3-8-12

2. 按草图创建楼梯

1）切换至标高 1 楼层平面视图。如图 3-8-13 所示，单击"建筑"选项卡"楼梯坡道"面板中的"楼梯"下拉按钮，选择"楼梯（按草图）"命令，进入"修改｜创建楼梯草图"上下文选项卡。

楼梯——草图创建

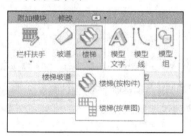

图 3-8-13

2）单击"属性"设置任务窗格中的"编辑类型"按钮，弹出"类型属性"对话框，在对话框中复制新建名称为"180mm 最大踢面 270mm 梯段"的楼梯类型。

3）设置"最小踏板深度"为 270，"最大踢面高度"为 180；选中"整体浇筑楼梯"复选框，设置楼梯的功能为"内部"；选中"平面中的波折符号"复选框，设置"文字大小"为 3mm，修改"踏板厚度"为 30。

4）修改"楼梯前缘长度"为 0，"楼梯前缘轮廓"为"默认"；选中"开始于踢面"和"结束于踏面"复选框，设置"踢面类型"为直梯，"踢面厚度"为 30，"踢面至踏板连接方式"为"踢面延伸至踏板后"；设置"右侧梯边梁"和"左侧梯边梁"均为无，其他参数默认不变。单击"确定"按钮，退出"类型属性"对话框。

5）在楼梯"属性"设置任务窗格中，设置"底部标高"为标高 1，"顶部标高"为标高 2，"底部偏移"和"顶部偏移"均为 0；设置"宽度"为 1300，"所需踢面数"为 26，Revit 将自动计算出实际踢面高度为 161.5mm，设置"实际踏板深度"为 270mm，其他参数不变。

6）单击"修改│创建楼梯草图"上下文选项卡→"工具"面板→"栏杆扶手"按钮，弹出"栏杆扶手"对话框，在扶手类型下拉列表框中选择"无"，单击"确定"按钮。单击"修改│创建楼梯草图"上下文选项卡→"绘制"面板→"梯段"→"直线"按钮，如图 3-8-14 所示。

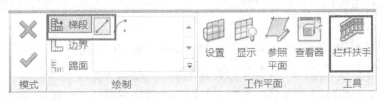

图 3-8-14

7）移动光标捕捉至结构楼梯下侧梯段中线起点位置，单击作为梯段起点，沿水平向左移动光标，直到捕捉至结构楼梯梯段线结束位置，单击绘制完成第一段梯段。注意 Revit 将在视图中显示当前位置已创建的踢面数量及剩余踢面数量。

【提示】如果视图中未链接结构楼梯作为参照，可以采用绘制参照平面的方式确定楼梯梯段的起始位置。

8）继续捕捉上侧结构楼梯梯段中线起点位置，单击作为梯段起点，沿水平向右移动光标，直到捕捉至梯段结束位置，单击完成第二段梯段，结果如图 3-8-15 所示。此时 Revit 提示"创建了 26 个踢面，剩余 0 个"。

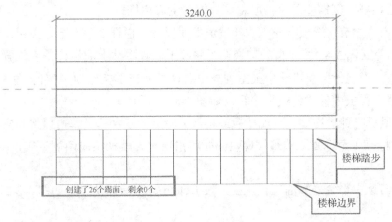

图 3-8-15

9）单击"修改｜创建楼梯草图"面板中的"完成编辑模式"按钮，完成楼梯的绘制，如图 3-8-16 所示。切换至三维视图，检查完成效果。

图 3-8-16

在 Revit 中，按草图方式绘制楼梯与按构件方式绘制楼梯的参数设置基本相同。事实上，草图模式是 Revit 最传统的楼梯绘制方式，而按构件绘制方式是 Revit 2013 版本加入的新功能。即使使用按构件方式绘制的楼梯，也可以将其转换为草图模式，以便对楼梯的构件进行进一步的调整。

无论采用按草图方式还是按构件方式绘制楼梯，Revit 均允许用户通过定义楼梯类型属性中的各项参数以及绘制方式生成参数化楼梯。

注意，在 Revit 2018 及后续版本中，取消了"楼梯按草图"创建楼梯的方式，全部采用更加灵活的按构件方式创建楼梯。

3.8.3　创建栏杆扶手

使用栏杆扶手工具，可以为项目创建任意形式的扶手。可以使用栏杆扶手工具单独绘制扶手，也可以在绘制楼梯、坡道等主体构件时自动生成扶手。

创建栏杆扶手

1. 设置楼梯栏杆

在 Revit 中扶手由两部分组成，即扶手与栏杆，在创建扶手前，需要在扶手的"类型属性"对话框中定义扶手结构与栏杆类型。扶手可以作为独立对象存在，也可以附着于楼板、楼梯、坡道、场地等主体图元上。在建筑表面复杂地方（如楼梯、箱、山墙、波浪屋面等）创建栏杆，则需要用"拾取主体"方式生成栏杆。

1）单击"建筑"选项卡→"楼梯坡道"面板→"栏杆扶手"下拉按钮，选择"放置在主体上"命令（图 3-8-17），自动切换至"修改｜创建主体上的栏杆扶手位置"上下文选项卡。在"属性"设置任务窗格扶手类型列表中选择当前扶手类型为"栏杆扶手 900mm 圆管"，单击"位置"面板中的"踏板"按钮，如图 3-8-18 所示。

2）将鼠标指针放在主体（如楼板或楼梯）附近，在主体上单击以选中它，如图 3-8-19 所示。单击标高 1 至标高 2 建筑楼梯，Revit 将沿所选择楼梯梯段两侧生成扶手，如图 3-8-20 所示。

3）单击选中平台外靠墙位置扶手，按 Delete 键删除该扶手，如图 3-8-21 所示。

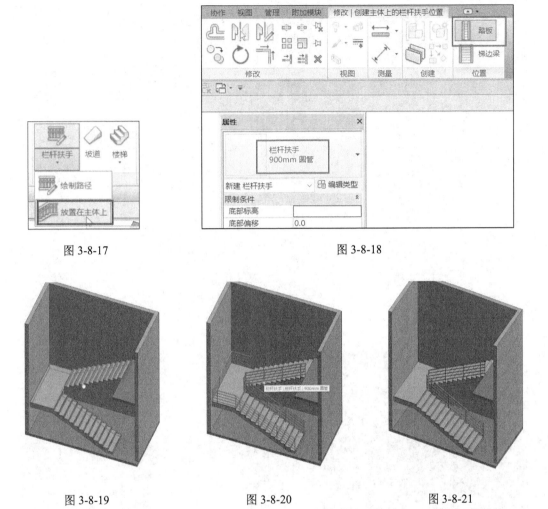

图 3-8-17　　　　　　　　　　　　　　　　　　图 3-8-18

图 3-8-19　　　　　　　　　图 3-8-20　　　　　　　　　图 3-8-21

2. 水平面创建栏杆

1）单击"建筑"选项卡→"楼梯坡道"面板→"栏杆扶手"下拉按钮，选择"绘制路径"命令，自动切换至"修改 | 创建扶手路径"上下文选项卡。

2）选择当前扶手类型为"栏杆扶手 900mm 圆管"。设置"属性"设置任务窗格中"底部标高"为标高 2，"底部偏移"值为"0.0"，"路径偏移"值为"0.0"。单击"绘制"面板中的"直线"按钮，水平移动光标使距离为 100mm，再继续向下移动光标绘制到墙边位置。注意，扶手路径可以不封闭，但所有路径迹线必须连续，如图 3-8-22 所示。

【提示】类型选择器中默认扶手类型列表取决于项目样板中预设扶手类型。

3）单击"完成编辑模式"按钮完成扶手的绘制，进入三维视图查看结果，如图 3-8-23 所示。

在 Revit 中完成栏杆创建后，双击栏杆图元或选择栏杆，单击"模式"面板中的"编辑路径"按钮，可以返回轮廓编辑模式，重新编辑扶手路径形状，如图 3-8-24 所示。

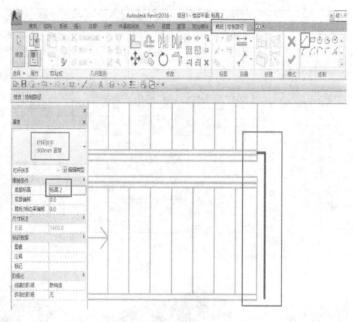

图 3-8-22

图 3-8-23

图 3-8-24

在编辑或者绘制栏杆路径时，选中"修改｜创建扶手路径"上下文选项卡"选项"面板中的"预览"复选框，可以在视图中预览所选择扶手类型的形式，如图 3-8-25 所示。

图 3-8-25

栏杆路径的绘制方法，与楼板、墙体等构件轮廓绘制方法类似，可以绘制直线、圆弧、多段线等多种形式。注意，在同一个草图中，栏杆路径必须首尾连续，Revit 不允许在同一个栏杆草图中存在多个闭环，但允许栏杆路径草图不封闭。

3. 编辑扶手

扶手由扶手结构和栏杆两部分组成，如图 3-8-26 所示。

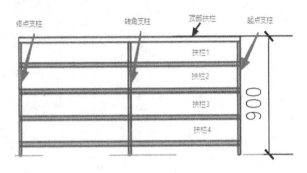

图 3-8-26

在"属性"设置任务窗格中单击"编辑类型"按钮，弹出"类型属性"对话框。在对话框中，单击与"扶手结构（非连续）"对应的"编辑"按钮，弹出"编辑扶手（非连续）"对话框，在对话框中，可以设置每个扶手的属性包括高度、偏移、轮廓和材质；如需创建新扶手，可单击"插入"按钮，设置新扶手的名称、高度、偏移、轮廓和材质属性；单击"向上"或"向下"按钮可以调整扶手位置，如图 3-8-27 所示。虽然可以通过单击"向上"或"向下"按钮修改扶手的结构顺序，但扶手的高度由"编辑扶手（非连续）"对话框中高度最高的扶手决定。编辑完成后，单击"确定"按钮。

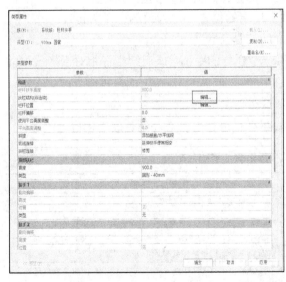

图 3-8-27

在"编辑栏杆位置"对话框中，可以设置"主样式"中使用的一个或几个栏杆或栏板，如图 3-8-28 所示，在扶手中定义了一个栏杆。

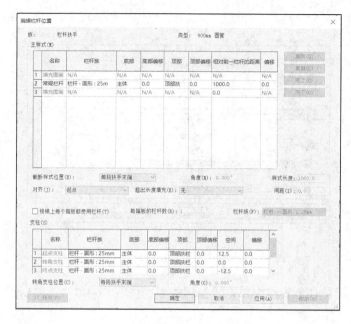

图 3-8-28

1)"主样式"选项区内的参数设置如下。

① 栏杆族：在列表中选择一种栏杆族。

② 底部：指定栏杆底端的位置，如扶手顶端、扶手底端或主体顶端。主体可以是楼层、楼板、楼梯或坡道。

③ 底部偏移：栏杆的底端与"底部"之间的垂直距离可为负值或正值。

④ 顶部（参见"底部"参数）：指定栏杆顶端的位置（常为顶部栏杆图元）。

⑤ 顶部偏移：栏杆的顶端与"顶部"之间的垂直距离。

⑥ 相对前一栏杆的距离：样式起点到第一个栏杆的距离，或后续栏杆相对于样式中前一栏杆的距离。

⑦ 偏移：栏杆相对于扶手绘制路径内侧或外侧的距离。

⑧ 截断样式位置：扶手段上的栏杆"截断样式位置"参数介绍见表 3-8-1。

表 3-8-1 "截断样式位置"参数介绍

参数	解释
每段扶手末端	栏杆沿各扶手段长度展开
角度大于需输入一个角度值	如果扶手转角（转角是在平面视图中进行测量的）等于或大于此值，则会截断样式并添加支柱。一般情况下，此值保持为 0。在扶手转角处截断，并放置支柱
从不	栏杆分布于整个扶手长度。无论扶手有任何分离或转角，始终保持不发生截断

⑨ 对齐：选择"起点"选项表示该样式始自扶手段的始端。如果样式长度不是恰为扶手长度的倍数，则最后一个样式实例和扶手段末端之间会出现多余间隙。选择"终点"选项表示该样式始自扶手段的末端。如果样式长度不是恰为扶手长度的倍数，则最后一个样

式实例和扶手段始端之间会出现多余间隙。选择"中心"选项表示第一个栏杆样式位于扶手段中心，所有多余间隙均匀分布于扶手段的始端和末端。注意，如果选择了"起点""终点""中心"选项，则要在"超出长度填充"下拉列表框中选择栏杆类型。选择"展开样式以匹配"选项表示沿扶手段长度方向均匀扩展样式，不会出现多余间隙，并且样式的实际位置值不同于"样式长度"中指示的值。

2）"支柱"选项区内的参数介绍如下。

① 名称：栏杆内主体的名称。

② 栏杆族：指定起点支柱族、转角支柱族和终点支柱族。如果不需要在扶手起点、转角或终点处出现支柱，则选择"无"选项。

③ 底部：指定支柱底端的位置，如扶手顶端、扶手底端或主体顶端。主体可以是楼层、楼板、楼梯或坡道。

④ 底部偏移：支柱底端与基面之间的垂直距离可为负值或正值。

⑤ 顶部：指定支柱顶端的位置（常为扶手），各值与基面各值相同。

⑥ 顶部偏移：支柱顶端与"顶部"之间的垂直距离，可为负值或正值。

⑦ 空间：需要相对于指定位置向左或向右移动支柱的距离。例如，对于起始支柱，可能需要将其向左移动 100mm，以使其与扶手对齐。在这种情况下，可以将间距设置为100mm。

⑧ 偏移：栏杆相对于扶手路径内侧或外侧的距离。

⑨ 转角支柱位置（参见参数"截断样式位置"）：指定扶手段上转角支柱的位置。

⑩ 角度：此值指定添加支柱的角度。如果"转角支柱位置"参数设置为"角度大于"，则使用此属性。

自 Revit 2013 版本开始，软件提供了顶部扶栏、扶手 1、扶手 2 三个系统族，用于简化定义栏杆扶手。

3.8.4　创建坡道

Revit 中提供了坡道工具，可以为项目添加坡道。坡道工具的使用与楼梯类似，参照添加楼梯的操作步骤，可以非常容易地创建坡道构件。下面具体介绍使用坡道工具添加坡道。

创建坡道

1. 螺旋坡道与自定义坡道操作步骤

1）单击"建筑"选项卡"楼梯坡道"面板中的"坡道"按钮，进入草图绘制模式。

2）在"属性"设置任务窗格中设置坡道参数。

3）单击"修改｜创建坡道草图"上下文选项卡"绘制"面板中的"梯段"按钮，选择"圆心-端点弧"命令，绘制梯段。

4）在绘图区域，根据状态栏提示绘制弧形坡道。

5）单击"完成编辑模式"按钮。

例如，建立如图 3-8-29 所示的坡道。

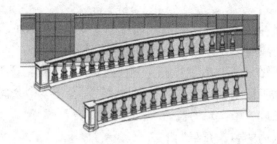

图 3-8-29

1）切换至"室外地坪"楼层平面视图。单击"建筑"选项卡"楼梯坡道"面板中的"坡道"按钮，自动进入"修改︱创建坡道草图"上下文选项卡。单击"属性"设置任务窗格中的"编辑类型"按钮，弹出"类型属性"对话框，在对话框中复制建立名为"综合楼室外坡道"的新坡道类型，如图 3-8-30 所示。

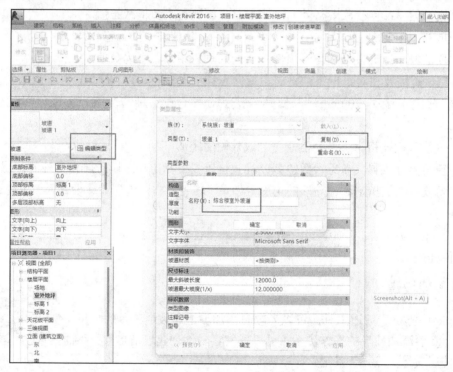

图 3-8-30

2）设置类型参数中的"功能"为"外部"；"坡道材质"为"综合楼·现场浇筑混凝土"；"坡道最大坡度（1/x）"为 12.0，即坡道最大坡度为 1/12；"造型"方式为"实体"，其余参数默认设置。参数设置完成后单击"确定"按钮，退出"类型属性"对话框，如图 3-8-31 所示。

3）在"属性"设置任务窗格中，设置案例参数"底部标高"为"室外地坪"，"底部偏移"为 0.0；"顶部标高"为 F1，"顶部偏移"为-20，即该坡道由室外地坪上升至室外台阶顶部标高（该项目室内标高比室外台阶高 20mm）；"宽度"为 4000，其他参数默认设置，单击"应用"按钮完成参数的设置，如图 3-8-32 所示。

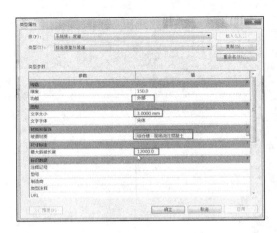

图 3-8-31

4）单击选项卡中的"扶手类型"按钮，弹出"扶手类型"对话框，在对话框中选择扶手类型为"欧式石栏杆 1"，单击"确定"按钮，退出"栏杆扶手"对话框，如图 3-8-33 所示。

图 3-8-32

图 3-8-33

5）使用"参照平面"工具，按照图 3-8-34 所示的距离分别绘制平行于 A 轴的参照平面；对齐 4 轴沿垂直方向绘制参照平面与所绘制参照平面相交，并分别命名为 R-A、R-B 和 R-C。

6）单击"修改 | 创建坡道草图"上下文选项卡→"绘制"面板→"梯段"按钮，选择"中心-端点弧"命令。

7）如图 3-8-35 所示，捕捉至 R-B 与 R-C 参照平面交点单击作为圆弧圆心。向左上方移动鼠标，输入 16000 作为圆弧半径，同时鼠标所在方向将作为圆弧梯段起点。沿顺时针方向移动鼠标，当显示完整梯段预览时，单击完成坡道梯段绘制。绘制的方向决定坡道上升的方向。

8）框选全部梯段，单击"修改"面板中的"旋转"按钮，鼠标指针变为 ，不选中选项栏中任何复选框。

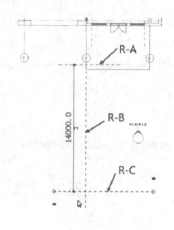

图 3-8-34

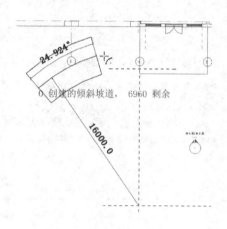

图 3-8-35

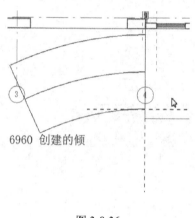

图 3-8-36

9）默认 Revit 将以梯段几何图形中心位置作为旋转基点，并在该位置显示旋转中心符号。按住并拖动该符号至梯段圆心点［第 5）步操作中绘制的参照平面交点］位置松开鼠标左键，将以新位置作为旋转中心。

【提示】在使用旋转工具时，按空格键，将进入移动旋转中心状态，移动鼠标至作为旋转中心的位置，单击即可将该位置设置为旋转中心。

10）单击坡道梯段终点位置中的任意一点，将以旋转中心和该点作为旋转参照基线。移动鼠标直到捕捉至台阶左侧边缘，单击完成旋转操作。对齐坡道梯段与台阶左侧边缘，如图 3-8-36 所示。

2. 直坡道

1）打开平面视图或三维视图。

2）单击"建筑"选项卡→"楼梯坡道"面板→"坡道"按钮，进入草图绘制模式。

3）在"属性"设置任务窗格中设置坡道参数。

4）单击"修改｜创建坡道草图"上下文选项卡→"绘制"面板→"梯段"→"直线"按钮，绘制梯段。

5）将鼠标指针放置在绘图区域中，拖曳指针绘制坡道梯段。

6）单击"完成编辑模式"按钮。

【提示】绘制坡道前，可先绘制参考平面，对坡道的起跑位置、休息平台位置、坡道宽度位置等进行定位。可将坡道"属性"设置任务窗格中的"顶部标高"设置为当前的标高，并将"顶部偏移"设置为坡道的高度。

3. 编辑坡道

1）在平面视图或三维视图中选择坡道，单击"修改｜坡道"上下文选项卡→"模式"面板→"编辑草图"→"圆心-端点弧"按钮。

2）修改坡道类型。

① 在草图模式中修改坡道类型：单击"属性"设置任务窗格中的"编辑类型"按钮，弹出"类型属性"对话框，在对话框中选择所需的坡道类型。

② 在项目视图中修改坡道类型：在平面视图或三维视图中选择坡道，在"属性"设置任务窗格中选择所需的坡道类型。

3）修改坡道属性。

① 在"属性"设置任务窗格中修改相应的参数，以修改坡道的实例属性。

② 单击"属性"设置任务窗格中的"编辑类型"按钮，弹出"类型属性"对话框，在对话框中修改坡道的类型属性。

3.8.5　创建散水

1. 以内建模型方式创建散水

1）进入"F1"平面视图。单击"建筑"选项卡→"构建"面板→"构件"下拉按钮，在下拉列表中选择"内建模型"命令。在弹出的"族类别和族参数"对话框中选择"常规模型"，单击"确定"按钮，在弹出的"名称"对话框中输入"散水"，单击"确定"按钮，如图 3-8-37 所示。

2）单击"创建"选项卡"形状"面板中的"放样"按钮，再单击"修改｜放样"上下文选项卡"放样"面板中的"绘制路径"按钮，如图 3-8-38 所示。沿建筑物外围绘制放样路径，绘制完毕后单击"完成编辑模式"按钮。此时放样路径绘制完毕，"放样"命令尚未结束，如图 3-8-39 所示。

创建散水

图 3-8-37

图 3-8-38

图 3-8-39

3）单击"修改｜放样"上下文选项卡→"放样"面板→"选择轮廓"→"编辑轮廓"按钮，如图 3-8-40 所示。在弹出的"转到视图"对话框中选择"立面：东"，再单击"打开视图"按钮，如图 3-8-41 所示。在出现的东立面视图中绘制放样轮廓，绘制完毕后单击"完成编辑模式"按钮，此时放样轮廓绘制完毕，如图 3-8-42 所示。

图 3-8-40

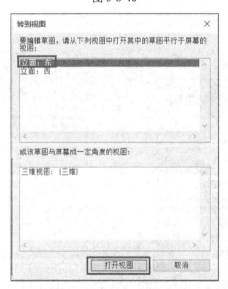

图 3-8-41

图 3-8-42

4）单击"完成编辑模式"按钮，此时"放样"命令结束。再单击"完成模型"按钮，如图 3-8-43 所示，此时"内建模型"命令结束，散水创建完毕，如图 3-8-44 所示。

图 3-8-43　　　　　　　　　　　　　　　　　　图 3-8-44

2. 以墙饰条方式创建散水

1）新建族。选择"应用程序"→"新建"→"族"命令，选择"公制轮廓"文件，如图 3-8-45 所示。

2）单击"详图"面板中的"直线"按钮，如图 3-8-46 所示。按图要求绘制模型轮廓（图 3-8-47），完成轮廓绘制后保存并命名为"800 宽室外散水"。

3）单击"载入到项目中"按钮，在打开的"载入到项目中"对话框中选中"综合楼项目.rvt"复选框，单击"确定"按钮，如图 3-8-48 所示。

图 3-8-45

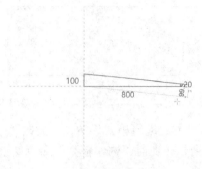

图 3-8-46　　　　　　　　　　　　　　　　　　　图 3-8-47

图 3-8-48

4）单击"建筑"选项卡→"构建"面板→"墙"下拉按钮，选择"墙：饰条"命令，如图 3-8-49 所示。单击"属性"设置任务窗格中的"编辑类型"按钮，弹出"类型属性"对话框，在对话框中复制新建一个新的族类型，命名为"800 宽室外散水"，如图 3-8-50 所示。

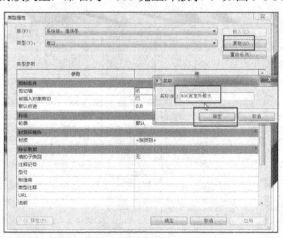

图 3-8-49　　　　　　　　　　　　　　　　　　　图 3-8-50

5）在"类型属性"对话框中，选中"剪切墙"和"被插入对象剪切"复选框，"轮廓"选择"800 宽室外散水"，"材质"选择"综合楼·现场浇筑混凝土"，材质可根据实际项目填写，单击"确定"按钮。

6）单击墙角位置，完成所有散水的布置。

3.8.6　案例解析

创建楼梯扶手案例

请根据图 3-8-51 创建楼梯与扶手，楼梯构造与扶手样式如图所示，顶部扶栏为直径 40mm 圆管，其余扶栏为直径 30mm 圆管，栏杆扶手的标注均为中心间距。请将模型以"楼梯扶手"为文件名保存到模型文件夹中。

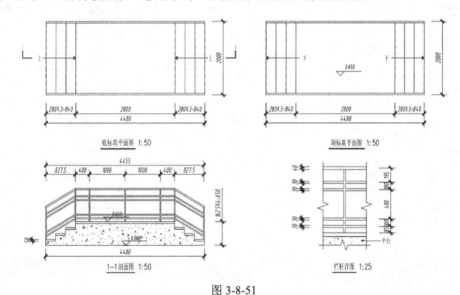

图 3-8-51

1）启动 Revit 软件，选择建筑样板，创建一个项目文件，保存为"楼梯扶手.rvt"，如图 3-8-52 所示。

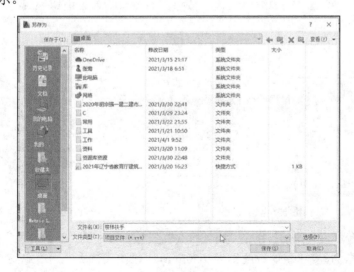

图 3-8-52

2）单击进入"立面：北立面"视图，设置标高 2 为 0.650m，如图 3-8-53 所示。

3）单击进入"标高 1"平面视图，单击"建筑"选项卡中的"楼梯"下拉按钮，用创建构件的方式创建楼梯，选择整体现浇的楼梯类型，设置楼梯高度为 650mm，"所需梯面数"为 4，"实际踏板深度"为 280mm，如图 3-8-54 所示。设置"实际梯段宽度"为 2000mm，如图 3-8-55 所示，绘制左半部的 4 个台阶。

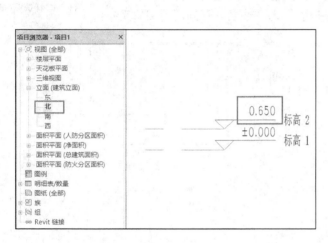

图 3-8-53   图 3-8-54

图 3-8-55

4）添加平台，用创建草图的方式添加一个平台（图 3-8-56），平台长度为 2800mm，宽度跟台阶对齐，单击"完成编辑模式"按钮。右侧台阶通过镜像完成。观察三维视图，如图 3-8-57 所示。

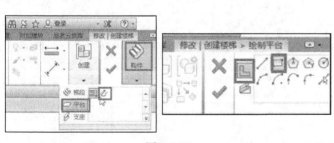 

图 3-8-56   图 3-8-57

5）修改平台厚度和材质。单击"属性"设置任务窗格中的"编辑类型"按钮，进入"类型属性"对话框，设置"整体厚度"为 650mm，"整体式材质"为"混凝土，现场浇筑，灰色"，填充图案为混凝土-素混凝土，然后依次单击"确定"按钮，如图 3-8-58 所示。

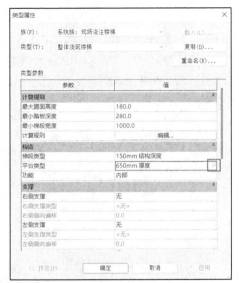

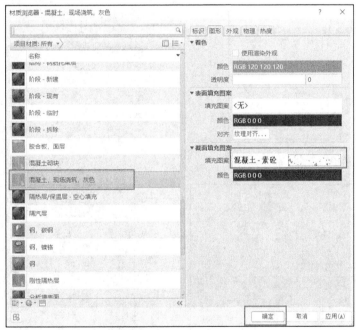

图 3-8-58

6) 修改楼梯的材质,与修改平台材质方法相同,这里不再赘述。

7) 修改踏板厚度,选择三维视图中的楼梯,单击楼梯"属性"设置任务窗格中的"编辑类型"按钮,进入"类型属性"对话框,选中"踏板"复选框,设置"踏板厚度"为 50,单击"确定"按钮,如图 3-8-59 所示,楼梯平台部分完成。

8) 编辑栏杆扶手,在三维视图中选择栏杆,单击栏杆扶手"属性"设置任务窗格中的"编辑类型"按钮,进入"类型属性"对话框,单击"复制"按钮,新建名为"栏杆"的族类型,如图 3-8-60 所示。

9) 设置顶部扶栏,"高度"为 900mm,"类型"为"圆形-40mm",如图 3-8-61 所示。

单击"扶栏结构（非连续）"栏的"编辑"按钮，在弹出的"编辑扶手（非连续）"对话框中修改参数，修改扶栏高度依次为 700mm、600mm、200mm、100mm，如图 3-8-62 所示。单击"栏杆位置"栏的"编辑"按钮，在弹出的"编辑栏杆位置"对话框中修改参数，"相对前一栏杆的距离"为 1000mm，"对齐"选择"中心"，如图 3-8-63 所示。依次单击"应用"按钮、"确定"按钮。查看三维视图，如图 3-8-64 所示。

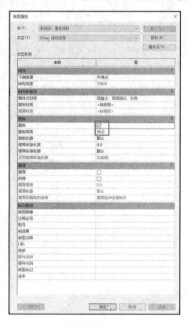

图 3-8-59

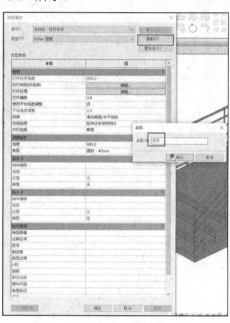

图 3-8-60

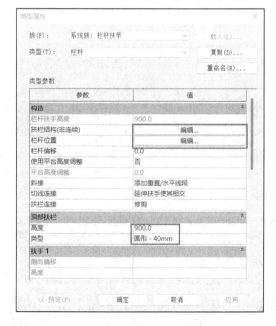

图 3-8-61

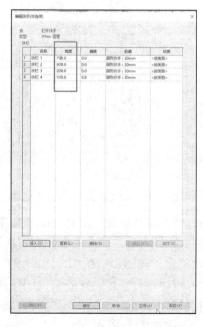

图 3-8-62

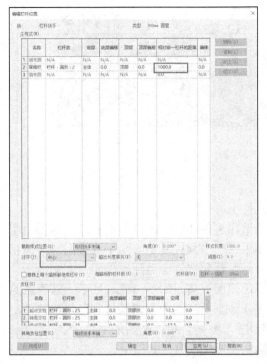

图 3-8-63

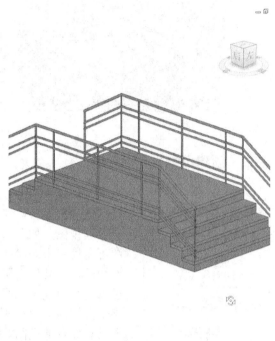

图 3-8-64

3.9　创　建　场　地

学习目标

了解场地的概念、特性等。

掌握场地的创建及编辑。

创建场地　　　场地编辑

3.9.1　场地概述

（1）场地的概念

场地为适应某种需要的空地，在建筑行业指工程形体所在地，如社区、工业园区、城市公园等。

（2）场地的特性

为达到某种需求，通常要对场地进行规划，将土地分区，进行刻意的人工改造与利用，使得土地的利用与场地地形相适应。

使用 Revit 提供的场地工具，可以在项目中创建三维地形模型、场地红线、建筑地坪等，完成建筑场地设计；还可以在场地中添加植物、停车场、街道设施、景观小品等场地构件，以丰富场地表现，如图 3-9-1 所示。

图 3-9-1

3.9.2　创建场地方法

图 3-9-2

（1）设置场地可见性

通常来说，创建场地应进入 Revit 软件建筑样板内的场地楼层平面视图，如图 3-9-2 所示。相比其他楼层平面视图，场地视图可见性中未隐藏地形、场地和植物等类别，如图 3-9-3 所示，剖切面也比其他楼层平面视图要高，如图 3-9-4 所示。若误删除了场地平面视图或要在其他平面视图中创建场地，可修改普通楼层平面视图的"可见性/图形替换"和"视图范围"，重新定义一个具有原场地视图功能的楼层平面视图。

（2）添加地形表面

地形表面是场地设计的基础。单击"体量和场地"选项卡中的"地形表面"按钮，如图 3-9-5 所示，可以为项目创建地形表面模型。

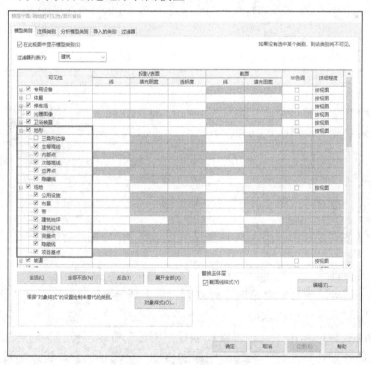

图 3-9-3

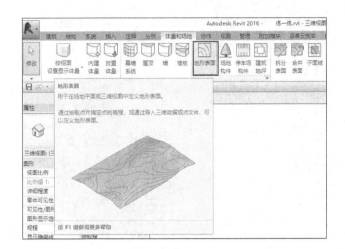

图 3-9-4　　　　　　　　　　　　　　　　　　　图 3-9-5

单击"地形表面"按钮后，Revit 提供了两种创建地形表面的方式："放置点"和"通过导入创建"，如图 3-9-6 所示。

图 3-9-6

（3）"放置点"创建地形表面

"放置点"创建地形表面需要我们手动添加地形点并指定高程，这种方式适用于创建简单的地形模型。单击"放置点"按钮，在绘图区域放置 3 个以上的高程点即可生成地形，各点的高程可以在选项栏中通过"高程"参数进行设定，放置完所需点后，单击"修改｜编辑表面"上下文选项卡中的"完成编辑模式"按钮完成地形表面的创建，如图 3-9-7 所示。

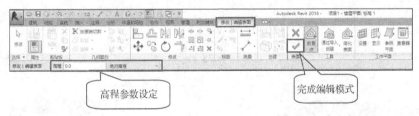

图 3-9-7

（4）"通过导入创建"创建地形表面

"通过导入创建"创建地形表面，即导入 DWG 文件或测量数据文本，软件自动生成场地地形表面。

单击"插入"选项卡中的"导入 CAD"按钮，选择一个地形图 DWG 文件，注意设置下方参数"导入单位"为"毫米",选取一种定位方式,单击"打开"按钮,将 CAD 图导入到 Revit 项目文件中,如图 3-9-8 所示。

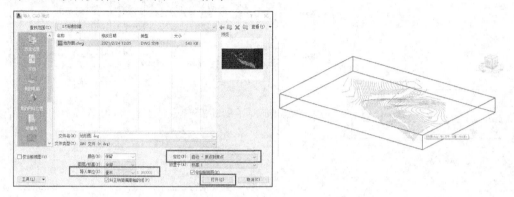

图 3-9-8

单击"通过导入创建"下拉按钮,选择"选择导入实例"命令,如图 3-9-9 所示,选择绘图区导入的 CAD 地形图,弹出"从所选图层添加点"对话框,选中"主等高线""次等高线"复选框,系统自动提取选中图层上点的坐标作为地形图上的点,创建出地形表面,如图 3-9-10 所示。

地形表面在三维视图中通常呈面状显示,在视图的"属性"设置任务窗格中选中"剖面框"复选框,拖动剖面框上的"控制"箭头,地形可被剖切为呈现一定"厚度"的表达效果,如图 3-9-11 所示。

图 3-9-9

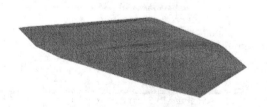

图 3-9-10

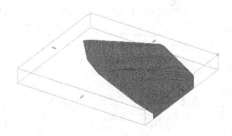

图 3-9-11

3.9.3 编辑场地

（1）修改地形表面

选中地形表面，单击"修改 | 地形"上下文选项卡中的"编辑表面"按钮，返回到地形表面编辑状态，可继续单击"放置点"按钮进行高程点的放置；选中某高程点后，通过"属性"设置任务窗格或选项栏可重新设置高程点参数，并可通过按 Delete 键或单击上下文选项卡的"删除"按钮将其删除。

（2）设置等高线

单击"体量和场地"选项卡中的"显示/修改场地设置"下拉按钮，如图 3-9-12 所示，弹出"场地设置"对话框，在对话框中设置等高线以及附加等高线的间隔、剖面填充样式、基础土层高程等参数，如图 3-9-13 所示。

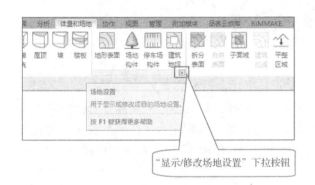

图 3-9-12   图 3-9-13

（3）拆分/合并表面

完成地形表面创建后，单击"体量和场地"选项卡中的"拆分表面"按钮，如图 3-9-14 所示，将地形表面划分为不用的区域，并为各区域指定不同的材质，如图 3-9-15 所示，从而得到更为丰富的场地设计。

图 3-9-14

图 3-9-15

有面域重叠或有共享边的若干个地形表面可合并为一个整体，单击"体量和场地"选项卡中的"合并表面"按钮，如图 3-9-14 所示，依次单击要合并的地形表面，即可合并为一块，材质自动按第一个单击选中的地形表面保留设置。

（4）创建子面域

子面域不同于拆分的表面，它仍属于地形表面的一部分，随所在地形表面的变化而变化，但可以定义自身的属性（如材质），常用来绘制道路等，如图 3-9-16 所示。

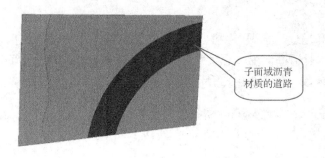

子面域沥青材质的道路

图 3-9-16

单击"体量和场地"选项卡中的"子面域"按钮，如图 3-9-14 所示，选择"修改｜创建子面域边界"上下文选项卡中的绘制命令，与修改工具相配合，在地形表面上绘制出一个封闭线框，单击上下文选项卡内的"完成编辑模式"按钮，完成子面域的创建，如图 3-9-17 所示。

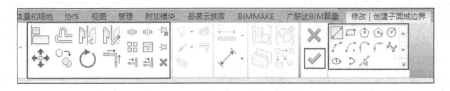

图 3-9-17

选择子面域，通过"属性"设置任务窗格设置材质等参数；单击"修改｜地形"上下文选项卡中的"编辑边界"按钮，如图 3-9-18 所示，可进入草图模式进行边界修改。

图 3-9-18

（5）创建建筑红线

建筑红线一般是指各种用地的边界线，如图 3-9-19 所示，在建筑红线以外不允许建任何建筑物。

图 3-9-19

单击"体量和场地"选项卡中的"建筑红线"按钮，如图 3-9-14 所示，系统提供"通过输入距离和方向角来创建""通过绘制来创建"两种方式创建建筑红线，如图 3-9-20 所示。

用 Revit 绘制的建筑红线（图 3-9-21）一般有以下特点。

① 定为形状随意的闭合线框。

② 在某一层绘制后，可在全部的平面视图中出现。

③ 默认为红色虚线。

图 3-9-20

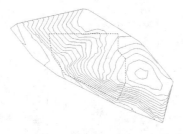

图 3-9-21

（6）放置建筑地坪

创建地形表面后，可以沿建筑轮廓创建建筑地坪，如图 3-9-22 所示，平整场地表面。在 Revit 中，建筑地坪的使用方法和楼板类似。

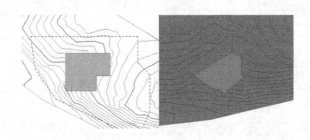

图 3-9-22

单击"体量和场地"选项卡中的"建筑地坪"按钮，如图 3-9-23 所示，选择"修改｜创建建筑地坪边界"上下文选项卡中的绘制命令，与修改工具相配合，绘制出一个封闭轮廓，单击上下文选项卡中的"完成编辑模式"按钮，完成建筑地坪的创建，如图 3-9-24 所示。

图 3-9-23

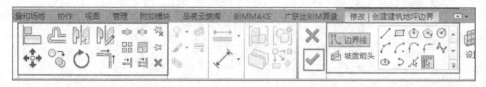

图 3-9-24

单击选中创建的建筑地坪，可在"属性"设置任务窗格中通过修改"标高""自标高的高度偏移"修改其高低位置。单击"编辑类型"按钮，弹出"类型属性"对话框，在对话框中编辑结构部件来设置地坪本身的结构参数，也可复制创建新类型的建筑地坪，如图 3-9-25 所示。

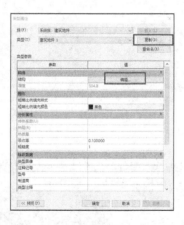

图 3-9-25

（7）放置植物等场地构件

单击"体量和场地"选项卡中的"场地构件""停车场构件"按钮，如图 3-9-26 所示，可为场地添加特定图元，如植物、街道设施、景观小品等。

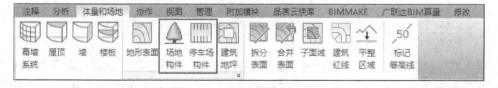

图 3-9-26

3.10　创建模型文字、洞口及其他

学习目标

掌握在特定平面上放置、编辑模型文字的方法。

掌握在不同建筑构件上创建洞口的方法。

3.10.1　创建模型文字

模型文字

（1）模型文字概述

模型文字是基于工作平面的三维图元，如图 3-10-1 所示。

在激活"模型文字"命令前，可单击工具栏中"设置"按钮，如图 3-10-2 所示，设置放置模型文字的工作面；若已创建了模型文字，可单击模型文字，单击"修改｜常规模型"上下文选项卡中的"拾取新的"按钮，如图 3-10-2 所示，改变模型文字至其他工作平面内。

图 3-10-1

图 3-10-2

图 3-10-3

在项目视图和族编辑器中都可添加模型文字，如图 3-10-1 所示。

（2）放置模型文字

单击"建筑"选项卡中的" 模型 文字"命令，如图 3-10-4 所示。

图 3-10-4

激活"模型 文字"命令后，弹出"编辑文字"对话框，如图 3-10-5 所示，在对话框内直接输入要放置的文字，单击"确定"按钮，然后在工作平面内指定位置单击，即可完成模型文字的放置。

输入文字内容

图 3-10-5

（3）编辑模型文字

放置模型文字后，单击选择文字，通过"属性"设置任务窗格可对模型文字的内容、文字类型、材质及深度等实例属性进行设置。单击"属性"设置任务窗格中的"编辑类型"按钮，弹出"类型属性"对话框，对所用类型文字的文字字体、文字大小、粗体、斜体等参数进行设置，如图 3-10-6 所示。

图 3-10-6

3.10.2　创建洞口

（1）洞口概述

Revit 提供了五种开洞工具，即"建筑"选项卡中的"按面""竖井""墙""垂直""老虎窗"命令，如图 3-10-7 所示，不仅可以在楼板、天花板、墙等图元构件上创建洞口，还能在一定高度范围内创建竖井，用于创建如电梯井、管道井等垂直洞口。

创建洞口

（2）按面开洞

使用按面开洞，可以创建一个垂直于屋顶、楼板或天花板的选定面的洞口。单击"建筑"选项卡中的"按面"按钮，按命令提示行提示"选择屋顶、楼板、天花板、梁或柱的平面"选择要开洞的屋顶平面，进入洞口边界绘制状态，在屋顶平面绘制一个封闭的洞口轮廓，单击"完成编辑模式"按钮，即可创建一个按面开洞的洞口，如图 3-10-8 所示。

图 3-10-7

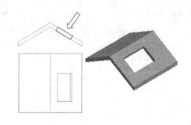

图 3-10-8

（3）竖井洞口

使用竖井洞口，可以创建一个跨多个标高的垂直洞口，对一定高度范围内的屋顶、楼板和天花板进行剪切。单击"建筑"选项卡中的"竖井"按钮，进入洞口边界绘制状态，绘制一个封闭的洞口边界，在"属性"设置任务窗格中可设置竖井"底部限制条件""顶部约束"等参数，如图 3-10-9 所示；也可在三维视图中选中竖井，拉伸其上下表面的造型操纵柄调节竖井高度，在竖井洞口范围内的屋顶、楼板和天花板都会被剪切，如图 3-10-10 所示。

图 3-10-9

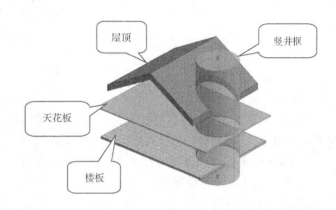

图 3-10-10

（4）墙洞口

使用墙洞口，可以在直墙或弯曲墙中剪切一个矩形洞口或矩形弧墙洞口，如图 3-10-11 所示。单击"建筑"选项卡中的"墙"按钮，选择要开洞的墙体，移动光标单击，分别确定矩形洞口的两个对角点，即可完成墙洞口的创建。选中创建的墙洞口，可通过"属性"设置任务窗格设置洞口的"顶部偏移""底部偏移""底部限制条件"等参数，如图 3-10-12 所示。

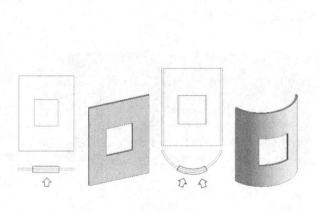

图 3-10-11

图 3-10-12

（5）垂直洞口

垂直洞口创建方式与按面洞口创建方式相同，可用于剪切一个贯穿屋顶、楼板或天花板的洞口，洞口垂直于标高，不反射选定对象的角度，如图 3-10-13 所示。

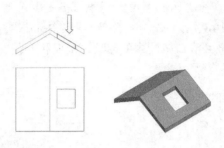

图 3-10-13

（6）老虎窗洞口

老虎窗，又称老虎天窗，是指一种在斜屋面上凸出的窗，用于房屋顶部的采光和通风。"老虎窗"命令只适用于坡屋顶老虎窗洞口的开洞。

应用 Revit 创建老虎窗洞口需要具备以下两个条件，如图 3-10-14 所示。

创建老虎窗

1）存在大小两个迹线屋顶。

2）老虎窗屋檐线不要超出大屋顶屋檐线，老虎窗屋脊线要低于大屋顶屋脊线。

图 3-10-14

老虎窗洞口的生成同样需要一个闭合轮廓线，而这个轮廓线不能通过绘制命令绘制，只能通过拾取已有线绘制，大小屋顶的连线可作为洞口轮廓的一部分，如图 3-10-15 所示，其他轮廓可利用添加的墙体或模型线，如图 3-10-16 所示。

图 3-10-15   图 3-10-16

具有可被拾取的闭合轮廓线后，单击"老虎窗"按钮，将状态栏中的"视觉样式"修改为"线框"样式，选择要绘制老虎窗的屋面，再依次拾取各相交线并修剪为闭合轮廓线，如图 3-10-17 所示，最后单击"完成编辑模式"按钮，完成老虎窗的绘制，如图 3-10-18 所示。

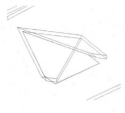

图 3-10-17

图 3-10-18

3.10.3　案例解析

创建老虎窗屋顶案例

创建如图 3-10-19、图 3-10-20 所示的屋顶模型,屋顶类型:常规-125mm,墙体类型:基本墙-常规 200mm,窗户类型:固定-0915,保存并命名为"老虎窗屋顶.rvt"。

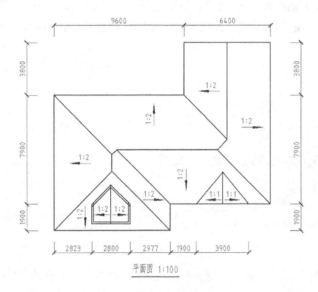

图 3-10-19

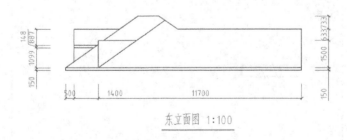

图 3-10-20

1)启动 Revit 软件,调用"建筑样板"新建项目文件,保存并命名为"老虎窗屋顶.rvt",如图 3-10-21 所示。

2)在项目浏览器中双击"楼层平面"中的"标高 2",单击"建筑"选项卡中的"屋顶"下拉按钮,在下拉列表中选择"迹线屋顶"命令,如图 3-10-22 所示。

图 3-10-21   图 3-10-22

3）选择"修改 | 创建屋顶迹线"上下文选项卡→"边界线"→"直线"命令，按平面图所给尺寸，从左上角点顺时针方向绘制一个封闭的迹线轮廓，如图 3-10-23 所示。

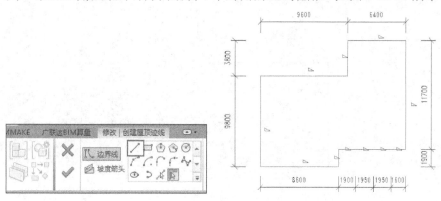

图 3-10-23

4）选择所有迹线，将"属性"设置任务窗格中的"坡度"改为"=1/2"，如图 3-10-24 所示。

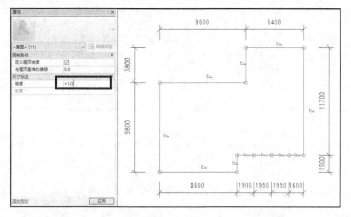

图 3-10-24

5）根据坡屋面交线生成原理，选择图 3-10-25 中两处的三根迹线，将"属性"设置任务窗格中的"定义屋顶坡度"复选框改为非选中状态，取消其坡度。

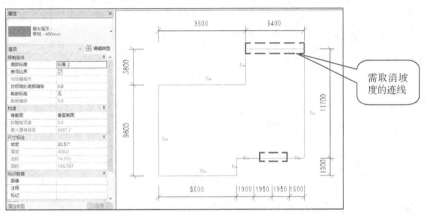

图 3-10-25

6）选择"修改｜创建屋顶迹线"上下文选项卡→"坡度箭头"→"直线"命令，逐步绘制出两根起坡方向箭头，如图 3-10-26 所示。

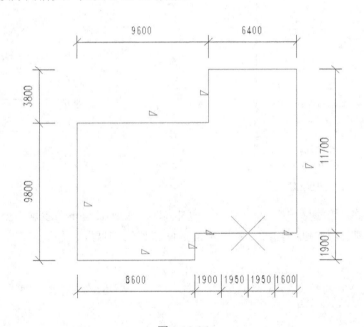

图 3-10-26

7）选中两根坡度箭头，在"属性"设置任务窗格中设置"坡度"为"=1/2"，如图 3-10-27 所示。

8）单击"属性"设置任务窗格中的类型选择下拉按钮，选择"基本屋顶 常规-125mm"屋顶类型，如图 3-10-28 所示，单击上下文选项卡中的"完成编辑模式"按钮，生成屋顶，如图 3-10-29 所示。

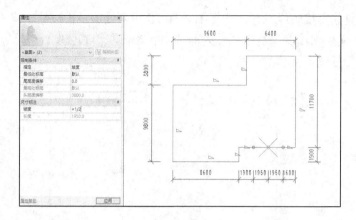

图 3-10-27

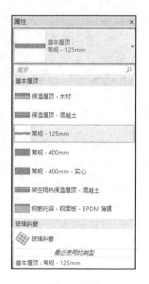

图 3-10-28

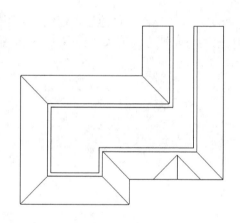

图 3-10-29

9）再次选择"迹线屋顶"命令，选择"基本屋顶 常规-125mm"屋顶类型，按图 3-10-30 所示尺寸，绘制封闭的迹线轮廓，并取消前后两根迹线的坡度。

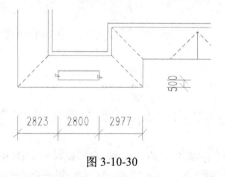

图 3-10-30

10）单击上下文选项卡中的"完成编辑模式"按钮，在项目浏览器中双击"立面"视图中的"东"视图，选中小屋顶，单击"修改 | 屋顶"上下文选项卡中的"移动"按钮，

将小屋顶上移 1099，如图 3-10-31 所示。切换至三维视图适当角度，单击"修改"选项卡中的"连接/取消连接屋顶"按钮，先选择小屋顶后侧边线，再选择大屋顶前方坡面，将两屋顶连接，如图 3-10-32 所示。

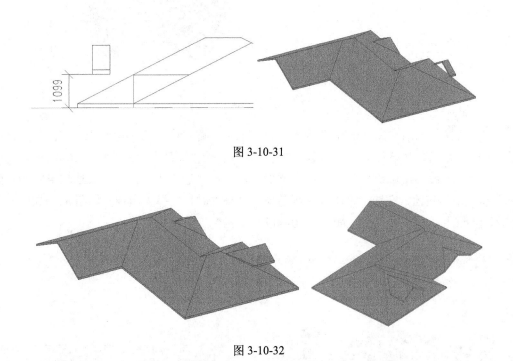

图 3-10-31

图 3-10-32

11）在项目浏览器中双击"楼层平面"中的"场地"视图，如图 3-10-33 所示，单击"建筑"选项卡中的"墙"下拉按钮，在下拉列表中选择"墙：建筑"命令，设置命令选择工具栏中"定位线"下拉列表中的"面层面：外部"命令，如图 3-10-34 所示，沿小屋顶添加墙体，如图 3-10-35 所示。

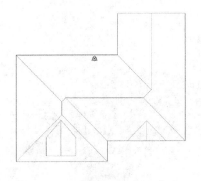

图 3-10-33

图 3-10-34

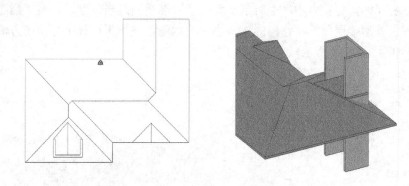

图 3-10-35

12）切换至三维视图，选择墙体，单击"修改｜墙"上下文选项卡中的"附着顶部/底部"按钮，如图 3-10-36 所示，在选项栏中设置附着墙"顶部"时，如图 3-10-37 所示，选择小屋顶，如图 3-10-38 所示；再次选择墙体，单击"修改｜墙"上下文选项卡中的"附着顶部/底部"按钮，在选项栏中设置附着墙"底部"时，选择大屋顶，如图 3-10-39 所示，完成墙体与大小屋顶的连接，如图 3-10-40 所示。

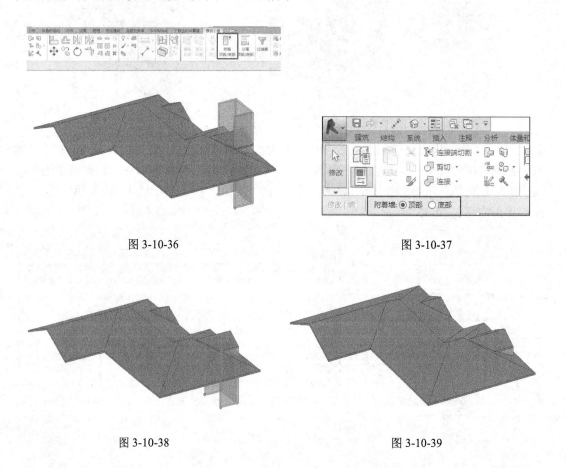

图 3-10-36

图 3-10-37

图 3-10-38

图 3-10-39

13）切换至三维视图，单击"建筑"选项卡中的"窗"按钮，选择固定-0915×0610 窗类型，单击墙体添加窗，如图 3-10-41 所示。

图 3-10-40　　　　　　　　　　　　　　　图 3-10-41

14）将三维视图状态栏中的"视觉样式"修改为"线框"样式，单击"老虎窗"按钮，单击选择大屋顶，再依次拾取小屋顶内侧、墙内侧，如图 3-10-42 所示；修剪为闭合轮廓线，如图 3-10-43 所示；最后单击选项卡中的"完成编辑模式"按钮，完成老虎窗洞口的创建，如图 3-10-44 所示。

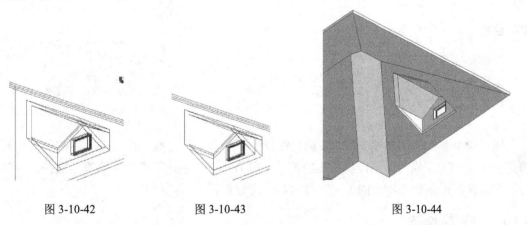

图 3-10-42　　　　　　　图 3-10-43　　　　　　　　　图 3-10-44

15）老虎窗屋顶最终完成效果如图 3-10-45 所示。

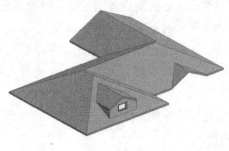

图 3-10-45

模块 4

族与参数化

4.1 创 建 族

学习目标

了解族的基本知识。

掌握 Revit 软件中族创建命令的使用方法。

能够创建简单的可载入族。

族概述

内建族步骤

族是一个包含通用属性（称作参数）集和相关图形表示的图元组。Revit 中的所有图元都是基于族创建而成的，不同类型族的使用可以有助于更轻松、更便捷地管理数据。本节将要学习常见的创建三维族的方法，并对案例进行解析。

4.1.1 族类型概述

Revit 中族能够定义多种类型，根据创建者的设计，每种类型可以具有不同的尺寸、形状、材质或其他参数变量。Revit 中有三种族类型，具体如下。

1）系统族：系统族是 Revit 中预定义的族，在程序中存在并且可以直接调用；包含基本建筑构件，如墙、屋顶、楼板等；可以复制和修改现有系统族，但不能创建新的族类型。

2）内建族：内建族可以是在特定项目中建立的模型构件，也可以是注释构件，是只能在当前项目中创建和使用的族。

3）标准构件族：使用族样板根据使用要求自行创建的族，可以将它们载入项目，从一个项目传递到另一个项目，以重复使用。

本节重点学习标准构件族的创建方法。

4.1.2　族创建命令

1. 新建族

在软件起始页面，单击"族"区域下的"新建"按钮，如图 4-1-1 所示。

图 4-1-1

在弹出的"新族-选择样板文件"对话框中，选择"公制常规模型"样板文件，单击"打开"按钮，如图 4-1-2 所示。

图 4-1-2

打开的"公制常规模型"界面即为族编辑界面，如图 4-1-3 所示，在本界面中可以利用族创建命令进行不同类型族的创建。

图 4-1-3

2. 族创建命令介绍

在"创建"选项卡中的"形状"面板中
可以看到创建族时用到的创建命令有"拉伸"
"融合""旋转""放样""放样融合""空心形
状",如图 4-1-4 所示。

族形状创建   基本平面立体创建   基本曲面立体创建

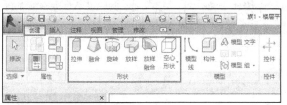

图 4-1-4

其中"空心形状"又包含"空心拉伸""空心融合""空心旋转""空心放样""空心放
样融合",如图 4-1-5 所示,使用方法同实心创建命令,主要用来删除多余的实心部分。

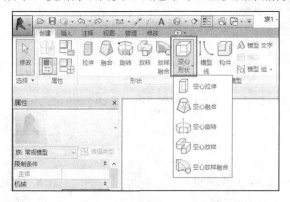

图 4-1-5

3. 拉伸命令

实心拉伸命令是通过拉伸二维形状或轮廓来创建三维实心形状。在创建三维形状时，要正确选择图形截面形状并沿着垂直于截面形状的方向拉伸。以长方体为例，图 4-1-6 所示为软件项目浏览器中视图的方向，按照图 4-1-7 所示将空间坐标系中的长方体与项目浏览器中的视图相对应。

图 4-1-6

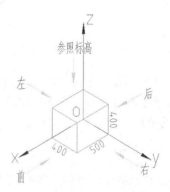

图 4-1-7

1）在项目浏览器中双击"参照标高"视图，进入参照标高绘图界面，如图 4-1-3 所示。单击"创建"选项卡中的"拉伸"按钮，进入拉伸命令执行界面。

2）单击"绘制"面板中的"直线"或者"矩形"按钮，如图 4-1-8 所示。

图 4-1-8

绘制图 4-1-7 中 400×500 的矩形，如图 4-1-9 所示，并将"属性"设置任务窗格中"拉伸起点"设置为"0.0"，"拉伸终点"设置为"400.0"，如图 4-1-10 所示，单击"完成编辑模式"按钮，即完成长方体的绘制。切换至三维视图查看，如图 4-1-11 所示。

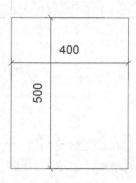

图 4-1-9

图 4-1-10

图 4-1-11

3）在图形被选中的情况下，可以通过出现的操纵柄调整图形的大小和形状。

【提示】本图形也可将视图切换到前视图，在前视图中绘制 400×400 的正方形，设置拉伸起点为 0.0，拉伸终点为 500。

4. 融合命令

实心融合命令用于创建实心三维形状，该形状将沿其长度发生变化，从起始形状融合到最终形状。如图 4-1-12 所示的图形，上部形状为圆形，下部形状为正方形，通过两个图形的融合，形成一个新的实心形状。

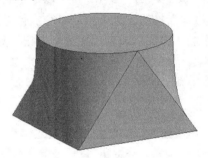

图 4-1-12

1）在项目浏览器中双击"参照标高"视图，进入参照标高绘图界面，单击"创建"选项卡中的"融合"按钮，进入融合命令执行界面，如图 4-1-13 所示。

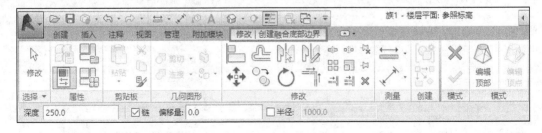

图 4-1-13

2）单击"绘制"面板中的"直线"或"矩形"按钮，在绘图区绘制边长为 600 的正方形，绘制完成后，单击"编辑顶部"按钮进入顶部图形的绘制，如图 4-1-14 所示。

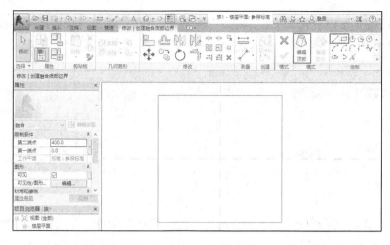

图 4-1-14

3）单击"绘制"面板中的"圆形"按钮，在绘图区绘制半径为 300 的圆形。假定图形高度为 400，设置"属性"设置任务窗格中"第一端点"为"0.0"，"第二端点"为"400.0"，如图 4-1-15 所示。单击"模式"面板中的"完成编辑模式"按钮完成图形的绘制，进入三维视图查看图形。在图形被选中的情况下，可以通过出现的操纵柄调整图形形状。

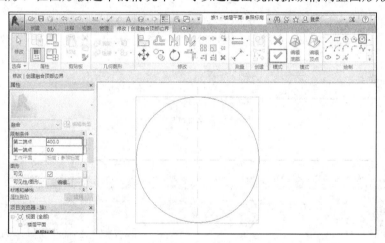

图 4-1-15

5. 旋转命令

实心旋转命令通过绕轴放样二维轮廓，可以创建三维实体。圆锥是常见的基本体图形，如图 4-1-16 所示，可以将圆锥看作三角形绕竖向轴旋转一周形成的实体。

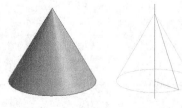

图 4-1-16

1）在项目浏览器中双击"立面"视图中的"前"视图，进入前视图绘制界面，单击"创建"选项卡中的"旋转"按钮，进入旋转命令绘图界面，如图 4-1-17 所示。

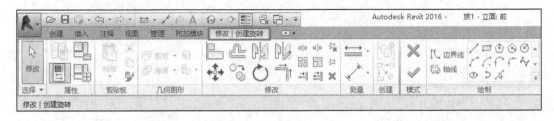

图 4-1-17

2）选择"绘制"面板中"边界线"选项下的"直线"命令，在绘图区绘制任意边长的直角三角形，如图 4-1-18 所示。选择"绘制"面板中"轴线"选项下的"直线"命令，沿着三角形左侧直角边竖向绘制一条直线，在"属性"设置任务窗格中设置"起始角度"为"0.000°"，"结束角度"为"360.000°"，单击"模式"面板中的"完成编辑模式"按钮完成绘制，如图 4-1-19 所示。绘制完成后在三维视图中查看图形。

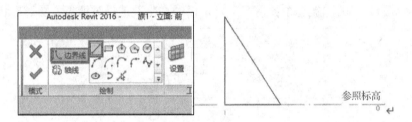

图 4-1-18

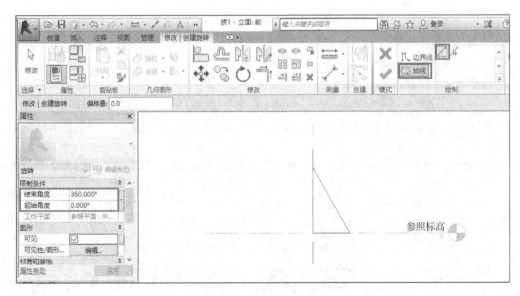

图 4-1-19

6. 放样命令

实心放样是通过路径放样二维轮廓来创建三维实体。弧形柱体如图 4-1-20 所示，在绘制时先绘制出弧形路径，然后在路径的参照面上绘制出圆形截面，即可完成弧形柱体的创建。

图 4-1-20

1）在项目浏览器中双击"参照标高"视图，单击"创建"选项卡中的"放样"按钮，在"修改｜放样"上下文选项卡中单击"绘制路径"按钮。在"修改｜放样>绘制路径"上下文选项卡中单击"绘制"面板中的"起点-终点-半径弧"或者"圆心-端点弧"按钮绘制一段弧，如图 4-1-21 所示。

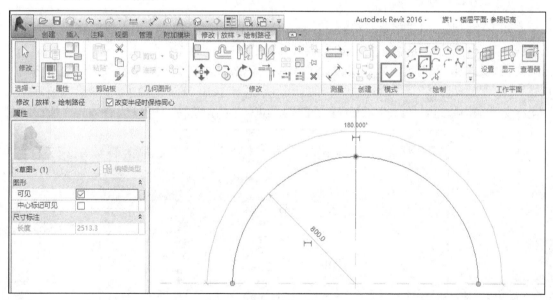

图 4-1-21

2）单击"模式"面板中的"完成编辑模式"按钮，完成路径的绘制。单击"编辑轮廓"按钮，在弹出的对话框中选择"立面：右"或者"立面：左"均可。选择"立面：左"，单击"打开视图"按钮，进入左视图绘制截面轮廓。

3）单击"绘制"面板中的"圆形"按钮，以给定的参照中心为圆心，在参照面上绘制一个任意半径的圆形，如图 4-1-22 所示。单击"模式"面板中的"完成编辑模式"按钮两次。完成绘制后进入三维视图查看效果。

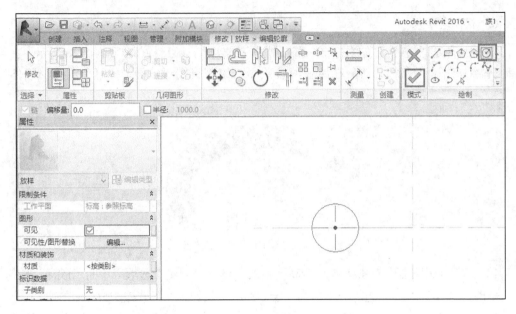

图 4-1-22

7. 放样融合命令

实心放样融合用于创建一个融合，沿着定义的路径进行放样。实心放样融合命令可以看作是融合与放样的结合，能够按照放样的路径完成融合命令。

1）双击项目浏览器中的"参照标高"视图，单击"创建"选项卡中的"放样融合"按钮，在"修改 | 放样融合"上下文选项卡中单击"绘制路径"按钮，在"修改 | 放样融合>绘制路径"上下文选项卡中单击"绘制"面板中的"圆心-端点弧"按钮绘制一段弧，如图 4-1-23 所示。

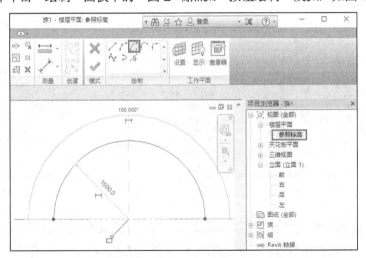

图 4-1-23

2）单击"模式"面板中的"完成编辑模式"按钮，完成路径的绘制。单击"编辑轮廓"按钮，在弹出的对话框中选择"立面：前"，单击"打开视图"按钮，单击"绘制"面板中的"圆形"按钮，以亮显的参照中心为圆心绘制一个小半径的圆形。

3）单击"模式"面板中的"完成编辑模式"按钮，单击"放样融合"面板中的"选择轮廓 2"和"编辑轮廓"按钮，以亮显的参照中心为圆心绘制一个大半径的圆形。单击"模式"面板中的"完成编辑模式"按钮两次，完成轮廓编辑。在三维视图中查看效果，如图 4-1-24 所示。

8. 空心形状命令

空心形状命令主要用来删除实心形状的一部分。中心为空心的正方体（图 4-1-25）的绘制方法是先利用实心拉伸命令创建正方体，再利用空心拉伸删除正方体中心的实体。

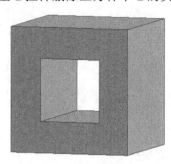

图 4-1-24   图 4-1-25

1）假设边长为 800 的立方体，空心部分截面为边长 400 的正方形。双击项目浏览器中的"参照标高"视图，单击"创建"选项卡中的"拉伸"按钮，进入拉伸命令执行界面，单击"绘制"面板中的"矩形"按钮，绘制边长为 800 的正方形。在"属性"设置任务窗格中设置"拉伸起点"为"0.0"，"拉伸终点"为"800.0"，单击"模式"面板中的"完成编辑模式"按钮，完成图形的绘制，如图 4-1-26 所示。

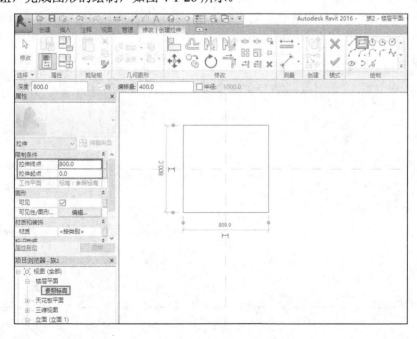

图 4-1-26

2）双击项目浏览器中"立面"视图中的"前"视图，进入前视图，单击"创建"选项卡→"基准"面板→"参照平面"按钮，再单击"绘制"面板中的"拾取线"按钮，将选项栏中的"偏移量"设置为"200.0"，将鼠标指针分别放置在正方形的四条边偏里的位置上，并在显示向内偏移的虚线时单击，绘制完成后按 Esc 键两次结束绘图命令，四条虚线的交点围成的是空心形状的前立面，如图 4-1-27 所示。

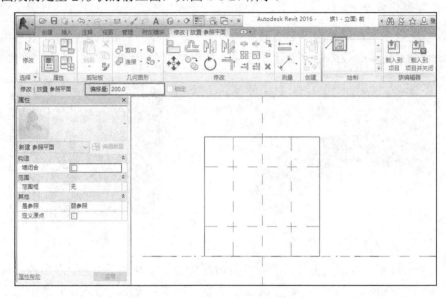

图 4-1-27

3）单击"创建"选项卡中的"空心形状"下拉按钮，在下拉列表中选择"空心拉伸"命令，单击"绘制"面板中的"矩形"按钮进行绘制，在"属性"设置任务窗格中设置"拉伸起点"为"-400.0"，"拉伸终点"为"400.0"，单击"模式"面板中的"完成编辑模式"按钮，切换到三维视图查看，如图 4-1-28 所示。

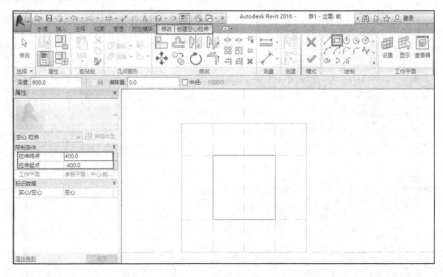

图 4-1-28

4.1.3　案例解析

1）根据给定的投影图及尺寸（图 4-1-29 和图 4-1-30），用构建集方式创建模型，将模型文件命名为"纪念碑+学生姓名.rvt"并保存到本案例文件夹中。

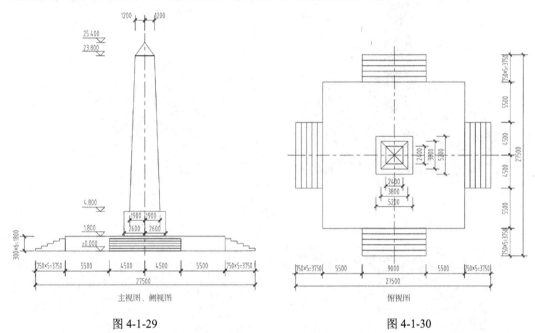

图 4-1-29　　　　　　　　　　　　　　　　图 4-1-30

本案例模型形似人民英雄纪念碑（图 4-1-31）。人民英雄纪念碑位于北京天安门广场中心，在天安门南约 463m、正阳门北约 440m 的南北中轴线上。人民英雄纪念碑呈方形，建筑面积为 3000m²；分台座、须弥座和碑身三部分，总高 37.94m。台座分两层，四周环绕汉白玉栏杆，四面均有台阶。下层座为海棠形，东西宽 50.44m，南北长 61.54m；上层座呈方形。台座上是大小两层须弥座，上层小须弥座四周镌刻有以牡丹、荷花、菊花、垂幔等组成的八个花环。下层须弥座束腰部四面镶嵌着八幅巨大的汉白玉浮雕，分别以"虎门销烟""金田起义""武昌起义""五四运动""五卅运动""南昌起义""抗日游击战争""胜利渡长江"为主题，在"胜利渡长江"的浮雕两侧另有两幅以"支援前线""欢迎中国人民解放军"为题的装饰性浮雕。

在本案例中，将纪念碑模型分成五个部分分别进行建模，第一部分底座和第二部分须弥座采用拉伸命令创建，第三部分碑身采用融合命令创建，第四部分碑尖采用放样命令创建，第五部分四周底座采用拉伸命令创建。建模流程如下。

① 打开 Revit 软件，单击"族"下的"新建"按钮，选择"公制常规模型"样板文件，单击"打开"按钮，进入参照标高绘制界面。

② 底座底面为边长 20000mm 的正方形，高 1800mm。单击"创建"选项卡"形状"面板中的"拉伸"按钮，如图 4-1-32 所示，再单击"修改|创建拉伸"上下文选项卡→"绘制"面板→"矩形"按钮，在选项栏中设置"偏移量"为"10000.0"，在"属性"设置任务窗格中设置"拉伸起点"为"0.0"，"拉伸终点"为"1800.0"，鼠标指针放置在参照平面

的交点处单击两次完成矩形的绘制，单击"模式"面板中的"完成编辑模式"按钮完成底座的创建，如图 4-1-33 所示。

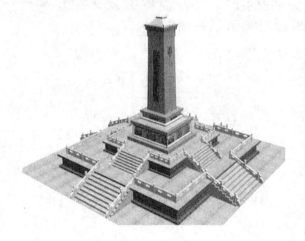

图 4-1-31   图 4-1-32

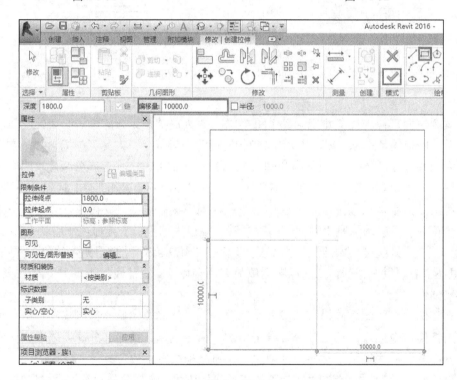

图 4-1-33

③ 须弥座底面为边长 5200mm 的正方形，高 3000mm。采用同底座的绘制方法，单击"矩形"按钮，在选项栏中将"偏移量"设置为"2600.0"，在"属性"设置任务窗格中设置"拉伸起点"为"1800.0"，"拉伸终点"为"4800.0"，鼠标指针放置在参照平面的交点处单击两次完成矩形的绘制，单击"模式"面板中的"完成编辑模式"按钮完成须弥座的创建，如图 4-1-34 所示。

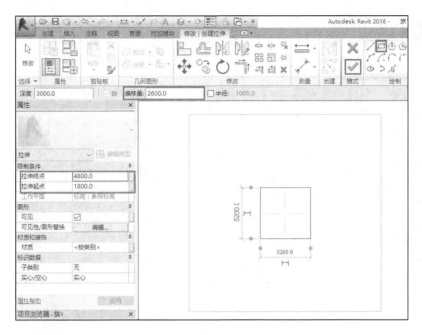

图 4-1-34

④　绘制完成的须弥座如在参照标高视图下无法看到，则在"属性"设置任务窗格中选择"楼层平面：参照标高"，如图 4-1-35 所示；拖动右侧滚动条找到"范围"选项，单击"视图范围"右侧的"编辑"按钮，如图 4-1-36 所示；在弹出的"视图范围"对话框中设置"顶"和"剖切面"偏移量均高于纪念碑模型高度即可，本案例取值 30000，单击"确定"按钮，如图 4-1-37 所示。

图 4-1-35

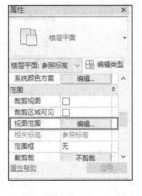

图 4-1-36

图 4-1-37

⑤　碑身为四棱台，底面为边长 3800mm 的正方形，顶面为边长 2400mm 的正方形，碑身高度为 19800mm。单击"创建"选项卡中的"融合"按钮，进入融合命令执行界面，单击"绘制"面板中的"矩形"按钮，将选项栏中的"偏移量"设置为"1900.0"，在"属性"设置任务窗格中设置"第一端点"为"4800.0"，"第二端点"为"23800.0"，鼠标指针放置在参照平面的交点处单击两次完成矩形的绘制，单击"模式"面板中的"编辑顶部"按钮，如图 4-1-38 所示。

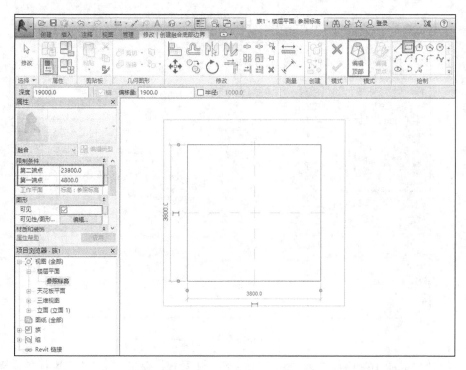

图 4-1-38

⑥ 单击"绘制"面板中的"矩形"按钮,将选项栏中的"偏移量"设置为"1200.0",鼠标指针放置在参照平面的交点处单击两次完成矩形的绘制,单击"模式"面板中的"完成编辑模式"按钮完成碑身的创建,如图 4-1-39 所示。

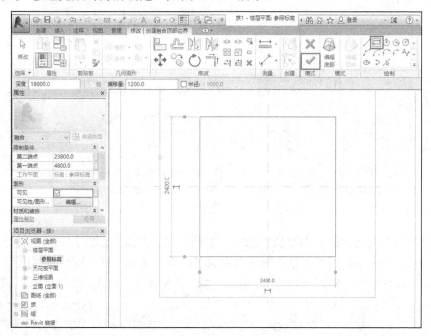

图 4-1-39

⑦ 碑尖为四棱锥，底面为边长 2400mm 的正方形，高度为 1600mm。单击"创建"选项卡→"形状"面板→"放样"按钮，自动进入"修改｜放样"上下文选项卡，单击上下文选项卡"放样"面板中的"绘制路径"按钮，再单击"矩形"按钮。沿着碑身顶部绘制边长为 2400mm 的矩形，单击"模式"面板中的"完成编辑模式"按钮完成路径的绘制，如图 4-1-40 所示。

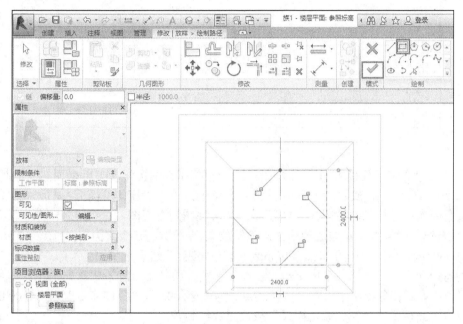

图 4-1-40

⑧ 单击"编辑轮廓"按钮，在弹出的"转到视图"对话框中选择"立面：右"，单击"打开视图"按钮，如图 4-1-41 所示。

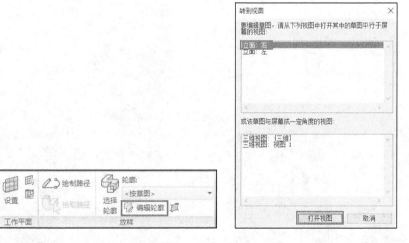

图 4-1-41

如果"编辑轮廓"按钮为暗显，单击"轮廓：轮廓"即可激活"编辑轮廓"按钮，如图 4-1-42 所示。

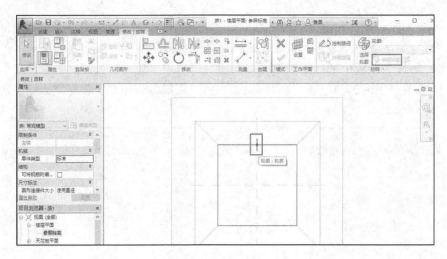

图 4-1-42

⑨ 单击"绘制"面板中的"直线"按钮,用鼠标指针捕捉纪念碑模型顶部的平面中点,绘制一个高 1600mm,底边 1200mm 的直角三角形,单击"模式"面板中的"完成编辑模式"按钮两次完成绘制,如图 4-1-43 所示。此时视图为右视图,可以绘制纪念碑模型前、后台阶。将纪念碑模型底座通过滚动鼠标滚轮放大,台阶共有 5 个踏面,每个踏面宽 750mm,踢面高 300mm,台阶水平方向长 9000mm。单击"创建"选项卡中的"拉伸"按钮,在"修改 | 创建拉伸"上下文选项卡中单击"直线"按钮,绘制出台阶轮廓,如图 4-1-44 所示,在"属性"设置任务窗格中设置"拉伸起点"为"-4500.0","拉伸终点"为"4500.0",单击"模式"面板中的"完成编辑模式"按钮完成绘制。

图 4-1-43

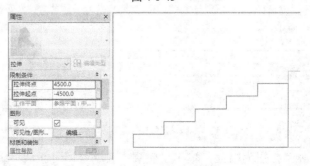

图 4-1-44

⑩ 选中绘制好的台阶，单击"修改"面板中的"镜像-拾取轴"按钮，单击纪念碑模型中心的参照平面，完成镜像命令，如图 4-1-45 所示。

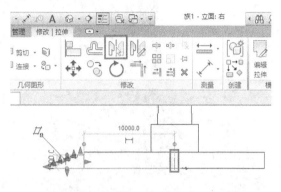

图 4-1-45

在项目浏览器中双击"楼层平面"中的"参照标高"视图，按住 Ctrl 键将前后两个台阶同时选中，单击"修改"面板中的"旋转"按钮，选中选项栏中的"复制"复选框，将显示出的旋转线水平向右延伸并单击，然后通过移动鼠标使此线逆时针旋转 90°并单击，如图 4-1-46 所示。旋转命令完成后进入三维视图查看，如图 4-1-47 所示。

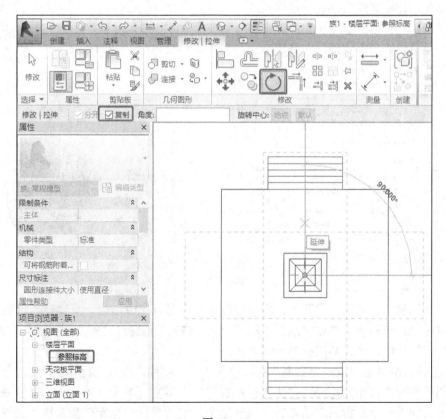

图 4-1-46

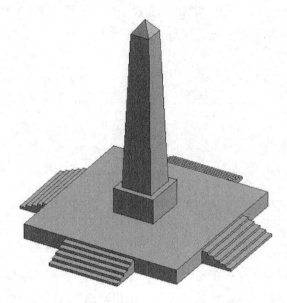

图 4-1-47

打开应用程序菜单，选择"另存为"→"族"命令，将模型保存到本案例文件夹，并将文件名按要求进行更改。

2）根据图 4-1-48 给定尺寸，创建球形喷口模型。要求尺寸准确，将球形喷口材质设置为不锈钢，并将模型命名为"球形喷口+学生姓名.rvt"保存至本案例文件夹中。

创建球形喷口案例

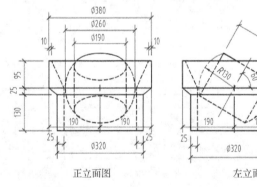

正立面图

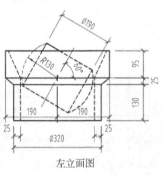

左立面图

三维图

图 4-1-48

本题看似复杂，其实只需要执行两次旋转命令即可以完成创建，具体建模思路如下。

① 打开 Revit 软件，单击"族"下的"新建"按钮，选择"公制常规模型"样板文件，单击"打开"按钮，进入参照标高绘制界面。

② 在项目浏览器中双击"立面"视图中的"前"视图，进入前视图。单击"创建"选项卡中的"旋转"按钮，选择"修改|创建旋转"上下文选项卡→"绘制"面板→"边界线"→"直线"命令，按正立面图所示尺寸绘制，在"属性"设置任务窗格中设置"起始角度"为"0.000°"，"结束角度"为"360.000°"，如图 4-1-49 所示。

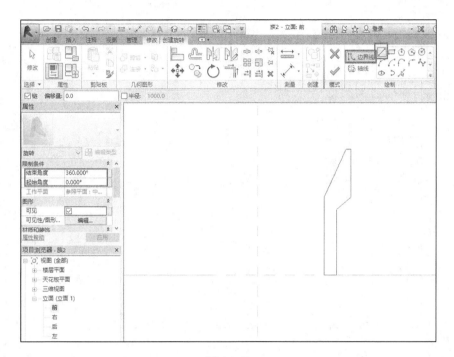

图 4-1-49

③ 选择"绘制"面板→"轴线"→"拾取线"命令，单击箭头所指的竖向参照平面，单击"模式"面板中的"完成编辑模式"按钮，如图 4-1-50 所示。

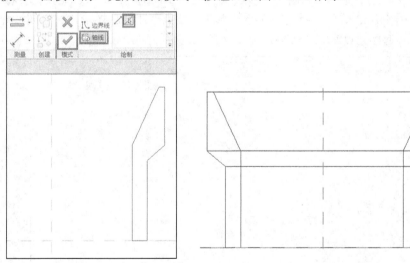

图 4-1-50

④ 在项目浏览器中双击"立面"视图中的"左"视图，进入左视图。对照给定的左立面图，单击"创建"选项卡→"参照平面"按钮，绘制出与水平方向夹角为 60° 的参照平面，再次单击"参照平面"按钮，单击"修改 | 放置 参照平面"上下文选项卡→"绘制"面板→"拾取线"按钮，将选项栏中的"偏移量"设置为"95.0"，单击斜向 60° 参照平面的左侧，绘制出第二个参照平面，如图 4-1-51 所示。

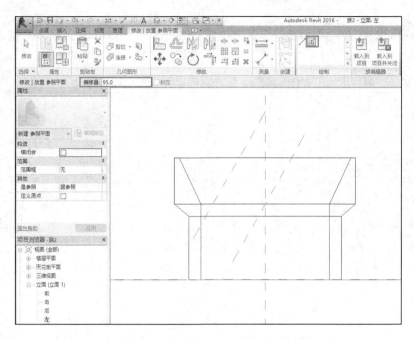

图 4-1-51

⑤ 单击"创建"选项卡中的"旋转"按钮，选择"修改 | 创建旋转"上下文选项卡→"边界线"→"圆心-端点弧"命令，将选项栏中的"半径"设置为"130.0"，以斜面 60°参照平面与竖向参照平面交点为圆心，以圆弧与第二个斜面 60°参照平面的交点为端点，绘制圆弧，如图 4-1-52 所示，用直线连接圆弧两个端点形成闭合图形，在"属性"设置任务窗格中设置"起始角度"为"0.000°"，"结束角度"为"360.000°"。

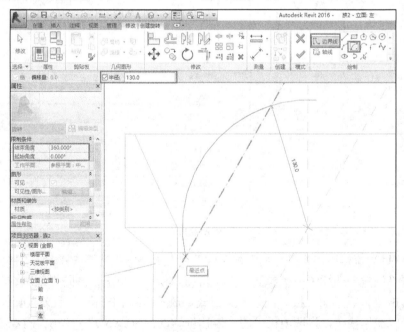

图 4-1-52

⑥ 选择"轴线"→"拾取线"命令，拾取斜向 60°参照平面，单击"模式"面板中的"完成编辑模式"按钮，如图 4-1-53 所示。

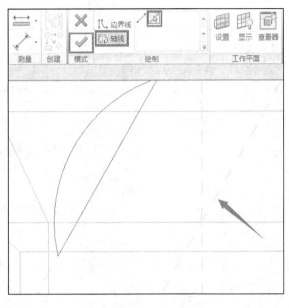

图 4-1-53

⑦ 进入三维模式查看，将图形全部选中，单击"属性"设置任务窗格中材质右侧的"按类别"，然后单击右侧的小图标"…"，如图 4-1-54 所示，进入"材质浏览器"对话框。

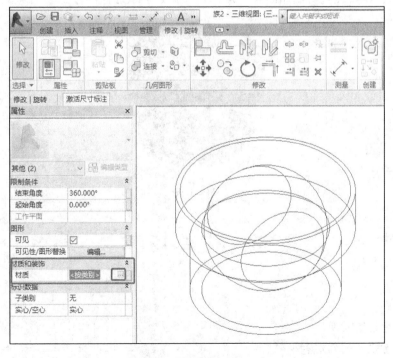

图 4-1-54

⑧ 单击材质浏览器上方的"显示/隐藏库面板",在"金属"材质中找到"不锈钢",单击不锈钢后侧箭头,将材质添加到上面的项目材质中,选中后单击"确定"按钮,如图 4-1-55 所示。

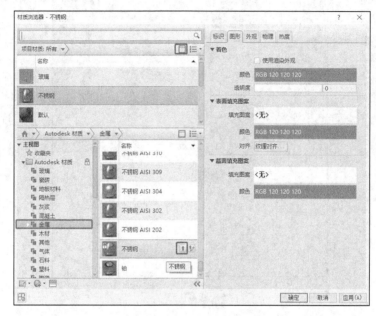

图 4-1-55

⑨ 进入三维视图查看,如图 4-1-56 所示,按照要求进行保存。

图 4-1-56

4.2　创　建　体　量

学习目标

　　熟悉体量绘图界面。
　　掌握体量模型的创建和编辑。
　　掌握利用体量模型生成建筑形体的步骤、方法。

4.2.1　体量概述

（1）概念体量绘图界面

在 Revit 的启动界面，单击"族"→"新建概念体量"按钮，如图 4-2-1
所示；可打开"新概念体量·选择样板文件"对话框，如图 4-2-2 所示；系
统自带的样板只有"公制体量.rft"，选择该样板文件，打开并进入到概念体量绘图界面，
如图 4-2-3 所示。

图 4-2-1　　　　　　　　　　　　　　　　　　图 4-2-2

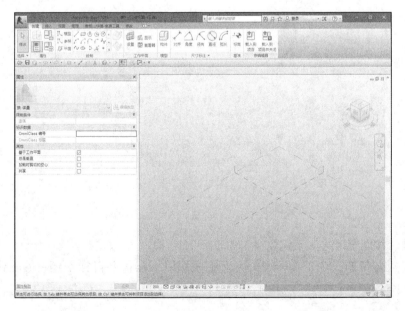

图 4-2-3

概念体量的绘图界面形式与创建项目文件的绘图界面形式基本相同，但是绘图窗口默认显示为三维视图状态，而且在三维视图中，可以看到三个两两相互垂直的工作平面，分别是位于水平位置的标高 1 工作平面、位于正立位置的前后工作平面、位于侧立位置的左右工作平面。这三个平面可以理解为空间的 X、Y、Z 坐标平面，三个平面的交点可以理解为坐标原点，如图 4-2-4 所示。

在项目浏览器中双击"楼层平面"视图中的"标高 1"视图，在绘图区可见两垂直相交的虚线，水平一根即为三维视图所见的前后工作平面的积聚投影，竖直一根为左右工作平面的积聚投影,而水平位置的标高1工作平面被省略了边界平铺于当前视图内,如图 4-2-5 所示。

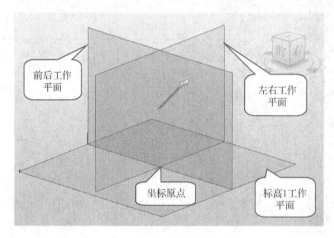

图 4-2-4

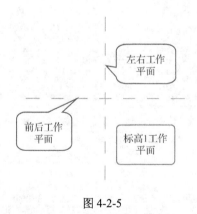

图 4-2-5

创建概念体量模型时，一定要在工作平面上创建草图，如图 4-2-6 所示，然后生成形状。除了样板自带的三个工作平面外，我们还可以根据需要自行创建新的工作平面，如图 4-2-7 所示。

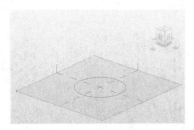

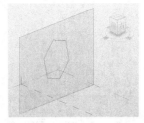

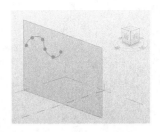

标高 1 工作平面上的圆形草图　　左右工作平面上的正六边形草图　前后工作平面上的样条曲线草图

图 4-2-6

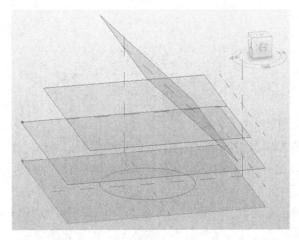

图 4-2-7

Revit 创建工作平面都是采用绘制直线的方式，单击"创建"选项卡中的"标高"按钮，如图 4-2-8 所示，在绘图区选择合适位置单击两次；或选择"绘图"面板→"平面"→"直线"命令，如图 4-2-9 所示，在绘图区绘制水平、竖直、倾斜的直线，退出绘制命令，单击选择所绘的直线，通过"属性"设置任务窗格设置名称，如图 4-2-10 所示。两种方法创建的工作平面属于不同的族类型，一个是标高类，一个是参照平面类，其中标高类可以添加到楼层平面或结构平面中。

图 4-2-8

图 4-2-9

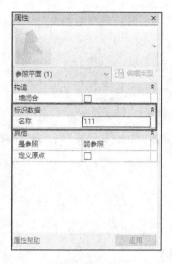

图 4-2-10

（2）创建概念体量的方式

1）在概念体量族编辑器中创建。在 Revit 的启动界面，单击"族"→"新建概念体量"按钮，在新概念体量的样板选择对话框中选择"公制体量.rft"样板，创建好体量后保存为族文件，可以像其他族文件一样载入到项目，以用于不同的项目中。

2）在项目中在位创建。新建项目后，单击"体量和场地"选项卡中的"内建体量"按钮，如图 4-2-11 所示，输入概念体量名称后进入概念体量族编辑状态，同打开的"公制体量.rft"样板不同，绘图区内的工作平面需根据需求自行添加。建好模型后，单击选项卡中的"完成体量"按钮，如图 4-2-12 所示。

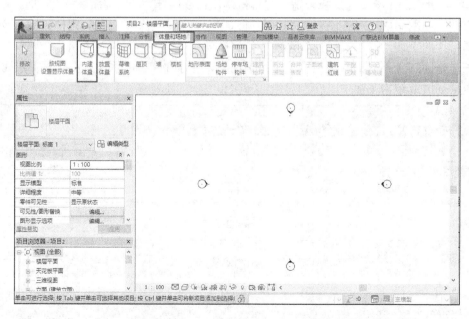

图 4-2-11

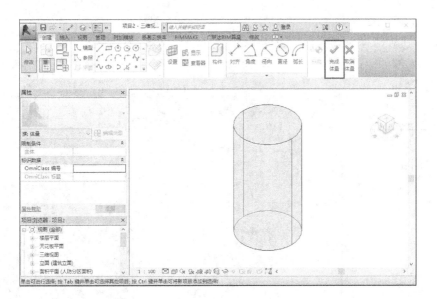

图 4-2-12

在项目中内建体量需要注意体量的可见性问题，在"体量和场地"选项卡中有关于体量可见与否的设置。一种是"按视图 设置显示体量"，如图 4-2-13 所示，即体量是否可见取决于当前视图可见性设置（图 4-2-14）中体量是否被选中，如图 4-2-15 所示；另一种是"显示体量 形状和楼层"，表示不管当前视图可见性如何设置，该命令都可将项目中的体量显示为可见状态。

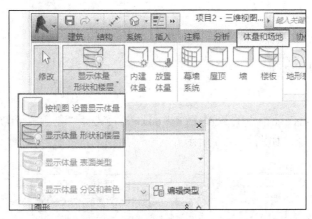

图 4-2-13

图 4-2-14

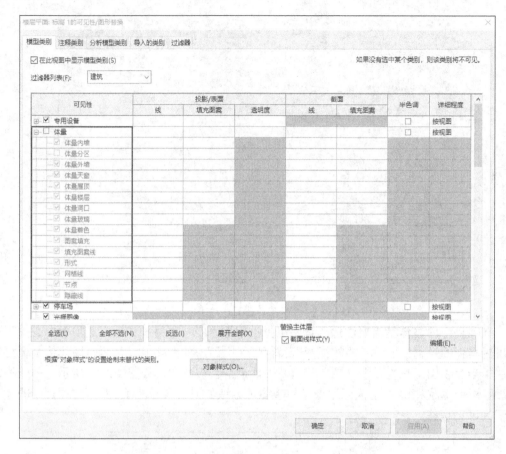

图 4-2-15

4.2.2　体量创建点线面

（1）体量创建点

创建点时，首先要设置点的放置工作平面，然后选择"创建"选项卡→
"模型"→"点"命令，如图 4-2-16 所示。

体量创建点线面

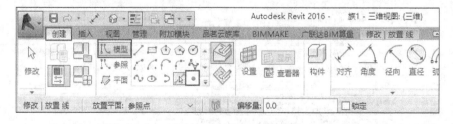

图 4-2-16

点不能被创建形状，但在不同的工作平面上创建的点可被拾取，用于创建空间样条曲
线，同样是样条曲线命令，如果直接单击绘图区，也只能创建属于当前工作平面的一根平
面样条曲线。

（2）体量创建线

首先要设置线所在的工作平面，然后选择"创建"选项卡→"模型"→"线"命令，取消选中选项栏中的"根据闭合的环生成表面"复选框，如图 4-2-17 所示。

图 4-2-17

（3）体量创建面

1）直接绘制面。选择"创建"选项卡"模型"中的"直线"、"矩形"、"多边形"或"弧形"等命令，选中选项栏中的"根据闭合的环生成表面"复选框，在绘图区创建闭合的形状，可直接创建面。

2）轮廓线生成面。选中已创建的线，选择"修改 | 线"上下文选项卡中的"创建形状"下拉按钮，在下拉列表中选择"实心形状"命令，如图 4-2-18 所示，可创建面。创建面的样式与所用线的形状、根数、线与线之间的相对位置有关，同一组线也可能创建出不同形式的面，如图 4-2-19 所示。

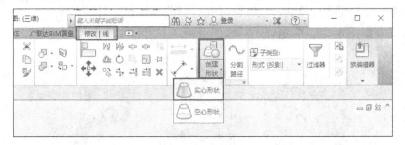

图 4-2-18

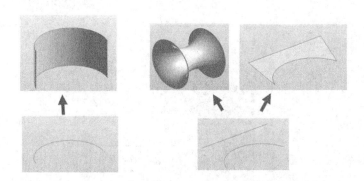

图 4-2-19

无论用哪种方式创建的面，选择面的边界、顶点都会出现拖曳箭头，用于编辑其形状；选择面，还可以进行网格划分，如图 4-2-20 所示。

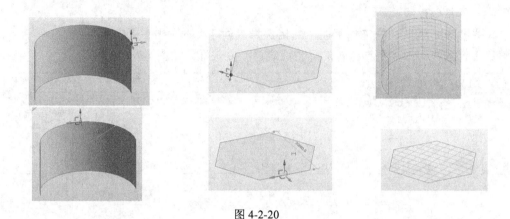

图 4-2-20

4.2.3　体量创建基本体

（1）体量创建基本平面立体

1）棱柱体。棱柱体是具有特征平面的平面立体，如图 4-2-21 所示。我们可以选择在某一工作平面上绘制一个平面图形，按 Esc 键退出绘制命令，选择平面图形后，单击"修改 | 线"上下文选项卡中的"创建形状"下拉按钮，在下拉列表中选择"实心形状"命令，生成一个棱柱体。拖曳方向箭头，可改变棱柱体的高度；也可通过修改临时尺寸标注改变棱柱体的高度，如图 4-2-22 所示。

体量创建基本平面立体

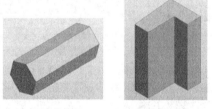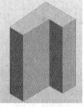

正六棱柱　　　　　L形棱柱　　　　带方形孔的棱柱

图 4-2-21

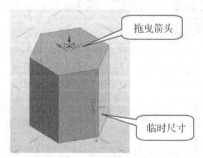

图 4-2-22

　　体量创建形体，不允许选择两个嵌套轮廓生成形状，可以将两个轮廓分别选中，再分别选择"创建形状"→"实心形状"命令和"创建形状"→"空心形状"命令，如图 4-2-23

所示，得到带有孔洞的棱柱体。

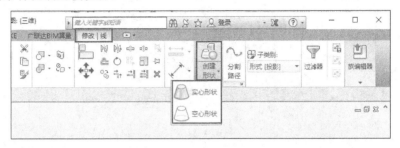

图 4-2-23

2）棱锥体。棱锥体可按底面多边形特点分为一般的棱锥体和正棱锥体，如图 4-2-24 所示。

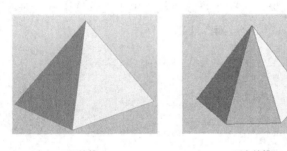

四棱锥　　　　　　　　　　　正六棱锥

图 4-2-24

一般的棱锥体，通常要配合"空心形状"命令生成，以不等边的四棱锥为例。先绘制一个三角形轮廓，选择轮廓，选择"修改 | 线"上下文选项卡→"创建形状"→"实心形状"命令，创建一个三棱柱体；再绘制一个三角形轮廓，选择轮廓，选择"修改 | 线"上下文选项卡→"创建形状"→"空心形状"命令，创建一个空心三棱柱体，对原有的三棱柱体做两次剪切，生成四棱锥体，如图 4-2-25 所示。

图 4-2-25

正棱锥体可利用底面正多边形和一个与其相垂直的三角形线框共同生成。以正六棱锥体为例，首先绘制一个正六边形，再绘制一个三角形轮廓，三角形轮廓与正六边形轮廓的相对位置如图 4-2-26 所示，选择两个轮廓，选择"修改 | 线"上下文选项卡→"创建形状"→"实心形状"命令，创建出一个正六棱锥体。

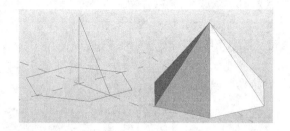

图 4-2-26

3）棱台体。棱台体需要两个有高度差的相似形来生成形状。以四棱台为例，首先可以在立面视图用标高命令或创建平面命令添加工作平面；然后用模型线命令绘制两个矩形线框，选择一个矩形线框，通过选项栏，将线框移至某标高工作平面，或通过拾取移至某工作平面；选择两个矩形线框，选择"修改 | 线"上下文选项卡→"创建形状"→"实心形状"命令即可创建出一个四棱台，如图 4-2-27 所示。

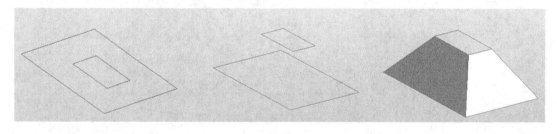

图 4-2-27

（2）体量创建基本曲面立体

1）圆柱体。圆柱体和棱柱体类似，是具有特征平面的曲面立体。在某一工作平面上绘制一个圆形轮廓，选择圆形轮廓，选择"修改 | 线"上下文选项卡→"创建形状"→"实心形状"命令，根据提示选择，生成一个圆柱体，如图 4-2-28 所示；也可选择绘制弧形与直线相组合的轮廓，生成不完整的圆柱体，如图 4-2-29 所示。

体量创建基本曲面立体

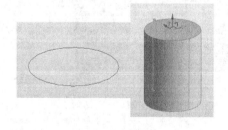

图 4-2-28

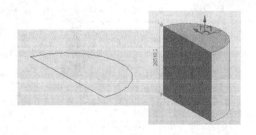

图 4-2-29

圆柱体属于回转体，也可绘制一个矩形线框和一根直线，选择两个图元，相当于矩形线框绕着直线旋转，生成圆柱体，如图 4-2-30 所示。若直线与矩形线框不相交，有一定距离，则会生成圆筒类的回转体，如图 4-2-31 所示。

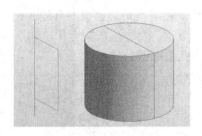

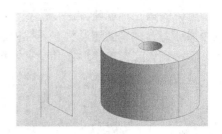

图 4-2-30   图 4-2-31

2）圆锥体。圆锥体属于回转体，可绘制一个直角三角形线框和一根与直角三角形直角边相重合的直线，共同创建实心形状来生成锥体，如图 4-2-32 所示。当直线与直角三角形有一定距离时，可生成一个带孔洞的圆锥体，如图 4-2-33 所示。

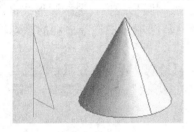

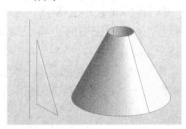

图 4-2-32   图 4-2-33

3）圆台体。圆台可在圆锥体的基础上，通过创建一个空心形体，剪切而得到，如图 4-2-34 所示。

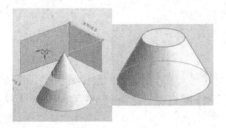

图 4-2-34

创建圆台也可以像创建棱台一样，在不同高度创建两个圆形线框，选择两个圆形线框，选择"创建形状"下拉列表中的"实心形状"命令生成圆台体，如图 4-2-35 所示。

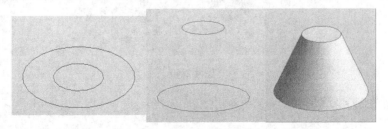

图 4-2-35

　　圆台体的第三种创建方法，绘制一个直角梯形和一根与直角边相交的直线，选择直线和直角梯形，选择"创建形状"下拉列表中的"实心形状"命令生成圆台体，如图 4-2-36 所示。若将直线与直角梯形移开一定距离，可生成带孔洞的圆台体，如图 4-2-37 所示。

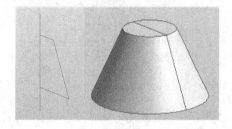 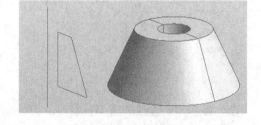

图 4-2-36　　　　　　　　　　　　　　图 4-2-37

　　4）圆球体。圆球体也属于回转体，在工作平面上绘制圆形线框，选择圆形线框，选择"创建形状"下拉列表中的"实心形状"命令，在圆柱和圆球体中选择后面的圆球体，如图 4-2-38 所示。

　　还可以绘制一个半圆弧与直径组成的封闭线框，再绘制一根与直径重合的直线，选择直线和封闭线框，选择"创建形状"下拉列表中的"实心形状"命令生成球体，如图 4-2-39 所示。

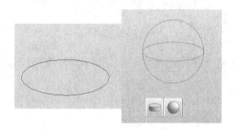 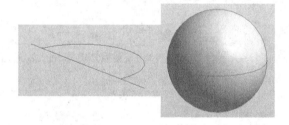

图 4-2-38　　　　　　　　　　　　　　图 4-2-39

　　不完整的球体，可在创建球体的基础上，根据需要，直接创建空心形状；或创建实心形状，通过"属性"设置任务窗格改为空心。完整球体剪切掉空心形状生成部分球体，如图 4-2-40 所示。

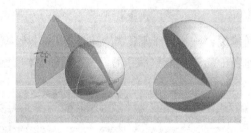

图 4-2-40

4.2.4　体量生成建筑形体

　　当体量方案确定后，可以将体量转换为建筑构件，如墙、幕墙系统、楼板、屋顶等，从而形成建筑，如图 4-2-41 所示。

体量生成建筑形体

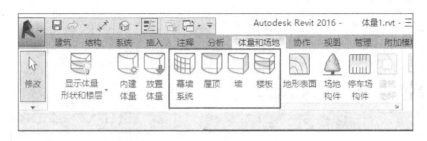

图 4-2-41

（1）面墙

单击"体量和场地"选项卡→"墙"按钮，或单击"建筑"选项卡→"墙"下拉按钮，在下拉列表中选择"面墙"命令，如图 4-2-42 所示，均可开启基于体量面创建墙体模式。

在"属性"设置任务窗格中可选择墙体类型，还可设置墙体"定位线"，如图 4-2-43 所示。

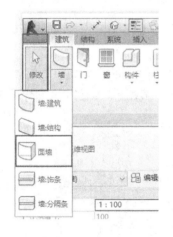

图 4-2-42

图 4-2-43

（2）幕墙系统

单击"体量和场地"或"建筑"选项卡中的"幕墙系统"按钮，均可基于体量面创建幕墙，如图 4-2-44 所示。

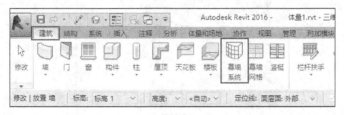

图 4-2-44

单击"幕墙系统"按钮后，可通过"属性"设置任务窗格选择幕墙系统类型，也可通过单击"编辑类型"按钮，在弹出的"类型属性"对话框中创建新的幕墙类型。网格、竖梃等设置方法与普通幕墙相同，如图 4-2-45 所示。

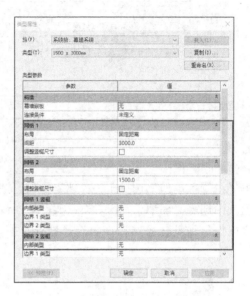

图 4-2-45

编辑选择好幕墙系统类型后，直接单击一个或多个体量面，再单击"修改 | 放置面幕墙系统"上下文选项卡中的"创建系统"按钮，如图 4-2-46 所示，即可完成幕墙系统的创建。

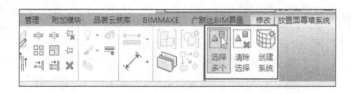

图 4-2-46

（3）面屋顶

单击"体量和场地"选项卡中的"屋顶"按钮，或单击"建筑"选项卡中的"屋顶"下拉按钮，在下拉列表中选择"面屋顶"命令，如图 4-2-47 所示，均可基于体量面创建屋顶。

图 4-2-47

通过"属性"设置任务窗格选择屋顶类型，也可通过单击"编辑类型"按钮，打开"类型属性"对话框，创建新的屋顶类型，设置方法与普通屋顶相同，如图 4-2-48 所示。

图 4-2-48

编辑选择好屋顶类型后，直接单击一个或多个体量面，再单击"修改 | 放置面屋顶"上下文选项卡中的"创建屋顶"按钮，如图 4-2-49 所示，即可完成屋顶的创建。

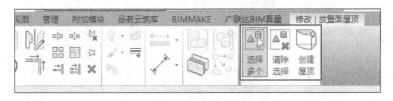

图 4-2-49

（4）面楼板

添加面楼板之前，首先要进行体量楼层的创建。

选择体量，单击"修改 | 体量"上下文选项卡中的"体量楼层"按钮，如图 4-2-50 所示，或单击"属性"设置任务窗格"体量楼层"右侧的"编辑"按钮，如图 4-2-51 所示，弹出"体量楼层"对话框（图 4-2-52）。

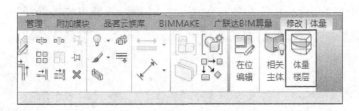

图 4-2-50

图 4-2-51   图 4-2-52

在弹出的"体量楼层"对话框中选择体量楼层的标高，单击"体量和场地"选项卡→"面模型"面板→"楼板"下拉按钮→"面楼板"按钮，或选择"建筑"选项卡→"楼板"下拉按钮→"面楼板"命令，如图 4-2-53 所示。

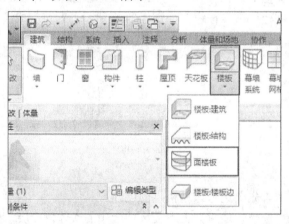

图 4-2-53

编辑选择好楼板类型后，直接单击一个或多个体量楼层，再单击"修改｜放置面楼板"上下文选项卡中的"创建楼板"按钮，如图 4-2-54 所示，即可完成面楼板的创建。

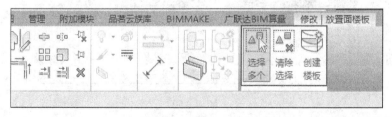

图 4-2-54

4.2.5 案例解析

1. 创建体量形体

创建体量楼层案例

模型信息：①面墙厚度 200mm，定位线为"核心层中心线"；②幕墙系统为网格布局 600×1000，均设置半径 50mm 圆形竖梃；③屋顶厚度 400mm；④标高 1 至标高 6 均设置 150mm 厚度楼板，如图 4-2-55 所示。将模型命名为"体量楼层.rvt"并保存。

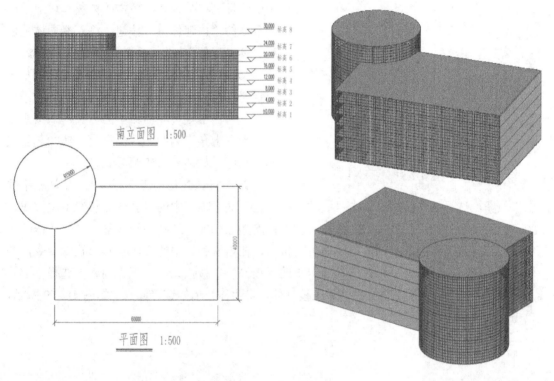

图 4-2-55

1）启动 Revit 软件，调用"建筑样板"新建项目文件，单击"保存"按钮并命名为"体量楼层.rvt"，如图 4-2-56 所示。

图 4-2-56

2）在项目浏览器中双击"立面"视图中的"东"视图，单击标高2，向上复制出其他标高；单击"视图"选项卡中的"平面视图"下拉按钮，在下拉列表中选择"楼层平面"命令，在"新建楼层平面"对话框中，选中标高3、标高4、标高5、标高6、标高7、标高8后，单击"确定"按钮，如图4-2-57所示。

图 4-2-57

3）在项目浏览器中双击"楼层平面"视图中的"标高 1"视图，单击"体量和场地"选项卡中的"内建体量"按钮，输入概念体量名称"体量形体"，进入概念体量族编辑状态。

4）单击"创建"选项卡→"模型"面板→"直线"按钮，绘制长 60000、宽 40000 的矩形线框；单击"模型"面板中的"圆形"按钮，以矩形左上角点为圆心，半径为 15000，创建圆形轮廓，如图 4-2-58 所示。

5）单击快速访问工具栏中的"默认三维视图"按钮，选择矩形线框，单击"修改 | 线"上下文选项卡中的"创建形状"下拉按钮，在下拉列表中选择"实心形状"命令，编辑高度为 24000；选择圆形线框，单击"修改 | 线"上下文选项卡中的"创建形状"下拉按钮，在下拉列表中选择"实心形状"命令，编辑高度为 30000。单击"修改"选项卡中的"连接"下拉按钮，在下拉列表中选择"连接几何图形"命令，依次单击圆柱体、四棱柱体，将两体量形体连接起来，如图 4-2-59 所示，单击选项卡中的"完成体量"按钮。

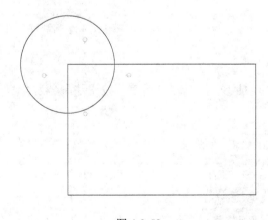

图 4-2-58

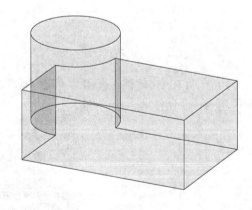

图 4-2-59

6）单击"建筑"选项卡中的"墙"下拉按钮，在下拉列表中选择"面墙"命令，选择"基本墙 常规-200mm"墙类型，在选项栏中设置墙体"定位线"为"核心层中心线"，单击棱柱体后侧、右侧两个侧面生成面墙，如图 4-2-60 所示。

7）单击"建筑"选项卡中的"屋顶"下拉按钮，在下拉列表中选择"面屋顶"命令，选择"基本屋顶 常规-400mm"屋顶类型，单击圆柱体上底面、棱柱体上底面，再单击"修改｜放置面屋顶"上下文选项卡中的"创建屋顶"按钮生成面屋顶，如图 4-2-61 所示。

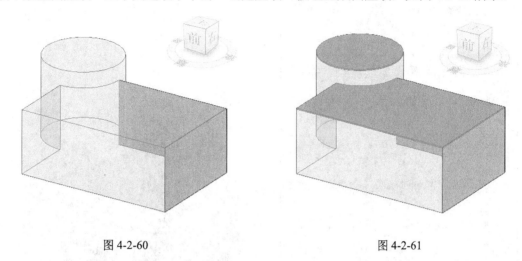

图 4-2-60　　　　　　　　　　　　　　　　图 4-2-61

8）窗口选择整个模型，选择"修改｜选择多个"上下文选项卡→"过滤器"→"体量"命令，单击"修改｜体量"上下文选项卡中的"体量楼层"按钮，弹出"体量楼层"对话框，在对话框中选择标高 1 至标高 6，单击"确定"按钮关闭对话框，创建的体量楼层如图 4-2-62 所示。单击"建筑"选项卡中的"楼板"下拉按钮，在下拉列表中选择"面楼板"命令，选择"楼板 常规-150mm"楼板类型，窗口选择所有体量楼层，再单击"修改｜放置面楼板"上下文选项卡中的"创建楼板"按钮生成面楼板，如图 4-2-63 所示。

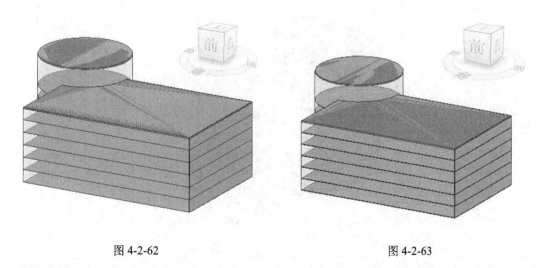

图 4-2-62　　　　　　　　　　　　　　　　图 4-2-63

9）单击"建筑"选项卡中的"幕墙系统"按钮，单击"属性"设置任务窗格中的"编辑类型"按钮，弹出"类型属性"对话框，在对话框中复制新类型，命名为"600×1000mm"，修改网格 1 间距为 1000，网格 2 间距为 600，所有竖梃均为半径 50mm 圆形竖梃，如图 4-2-64

所示，单击"确定"按钮关闭对话框。单击圆柱侧面，棱柱前、左侧面，再单击"修改｜放置面幕墙系统"上下文选项卡中的"创建系统"按钮生成幕墙，如图 4-2-65 所示。

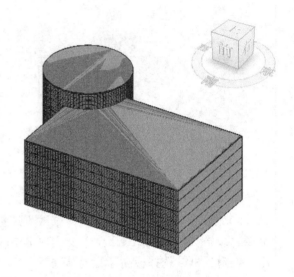

图 4-2-64　　　　　　　　　　　　　　　　图 4-2-65

10）单击"体量和场地"选项卡中的"按视图设置显示体量"按钮，最终完成效果如图 4-2-66 所示。

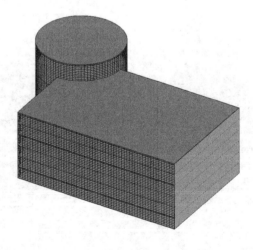

图 4-2-66

2. 创建体量模型

创建如图 4-2-67 所示体量模型，命名为"建筑体量"并保存。

创建建筑体量案例

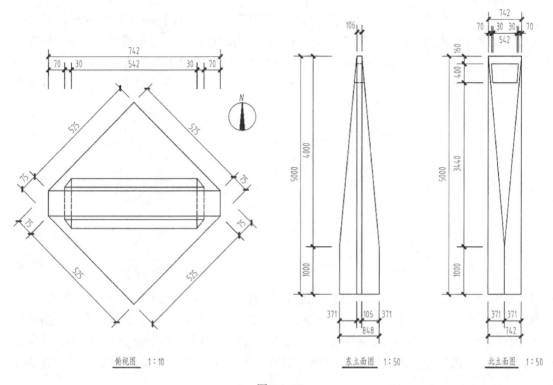

图 4-2-67

1）启动 Revit 软件，在启动界面中单击"族"→"新建概念体量"按钮，弹出"新概念体量·选择样板文件"对话框，在对话框中选择"公制体量.rft"样板文件，打开进入到概念体量绘图界面，单击"保存"按钮并命名为"建筑体量.rfa"，如图 4-2-68 所示。

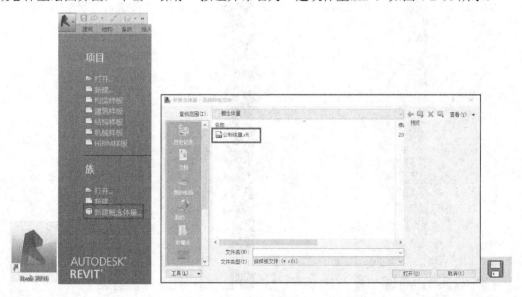

图 4-2-68

2）在项目浏览器中双击"楼层平面"视图中的"标高 1"视图，单击"创建"选项卡

中的"模型"下拉按钮，在下拉列表中选择"直线"命令，绘制长 600、宽 600 的正方形线框，修改对角线位置两个长度 75 的倒角，如图 4-2-69 所示。选中线框，单击"修改 | 线"上下文选项卡中的"旋转"按钮，将图形旋转 45°，如图 4-2-70 所示。

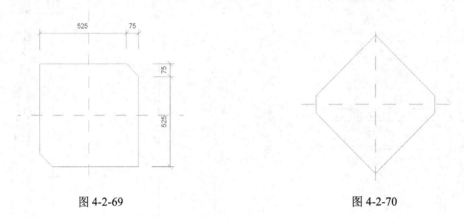

图 4-2-69   图 4-2-70

3）单击快速访问工具栏中"默认三维视图"按钮，选择多边形线框，单击"修改 | 线"上下文选项卡中的"创建形状"下拉按钮，在下拉列表中选择"实心形状"命令，编辑高度为 5000，如图 4-2-71 所示。在项目浏览器中双击"立面"视图中的"东"视图，单击形体左上角点，拖曳竖直方向箭头向下至距离底面 1000 处，如图 4-2-72 所示，用同样的操作完成右上角。

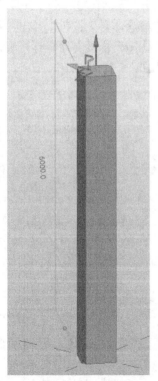

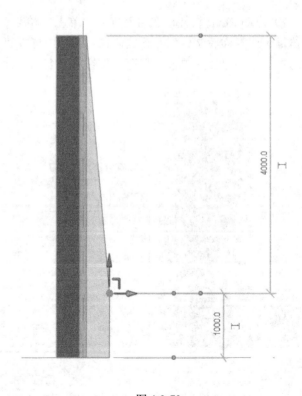

图 4-2-71   图 4-2-72

4）在项目浏览器中双击"立面"视图中的"南"视图，选择"创建"选项卡→"模型"面板→"模型线"下拉列表→"直线"命令，单击"在工作平面上绘制"按钮，如图 4-2-73 所示，使用"直线"与"修剪"等命令配合在形体上部绘制梯形轮廓，如图 4-2-74 所示。

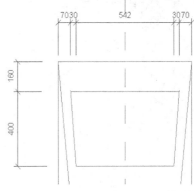

图 4-2-73 图 4-2-74

5）单击快速访问工具栏中的"默认三维视图"按钮，选择梯形线框，单击"修改 | 线"上下文选项卡中的"创建形状"下拉按钮，在下拉列表中选择"空心形状"命令，拖曳两侧平面的水平方向箭头至适当位置，如图 4-2-75 所示；单击绘图区空白处，完成形体的创建，如图 4-2-76 所示。

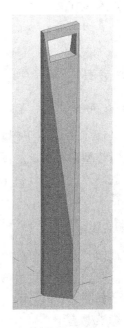

图 4-2-75 图 4-2-76

模块 *5*

Revit 模型应用

5.1　创建明细表

学习目标

了解明细表的概念和作用。

熟悉明细表的种类。

掌握明细表的创建与编辑方法。

创建明细表

5.1.1　明细表概述

1. 明细表简介

明细表是将项目中的图元属性以表格的形式统计出来。主体模型绘制完成后，在 Revit 软件中可以对模型进行简单的图元明细表统计，对于项目的任何修改，明细表都将自动更新以反映这些修改，快速分析工程量，对成本费用进行实时核算，还能通过变更管理对项目的变动进行实时跟踪。

2. 明细表创建命令

单击"视图"选项卡"创建"面板中的"明细表"下拉按钮，在下拉列表中明细表共有六种形式，分别是"明细表/数量""图形柱明细表""材质提取""图纸列表""注释块""视图列表"，如图 5-1-1 所示。

（1）明细表/数量

明细表/数量是针对建筑构件按类别创建的明细表，如墙、柱、梁、门、窗等构件，该明细表可以展出构件的类型、尺寸、个数等信息，是最常使用的明细表。

选择"明细表/数量"命令，弹出"新建明细表"对话框，如图 5-1-2 所示；或在项目浏览器中右击"明细表/数量"，选择"新建明细表/数量"，新建明细表，如图 5-1-3 所示。

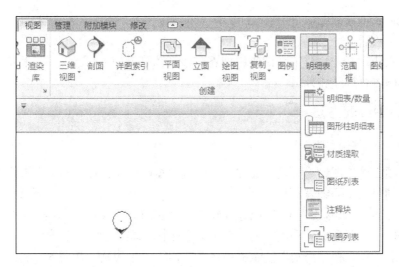

图 5-1-1

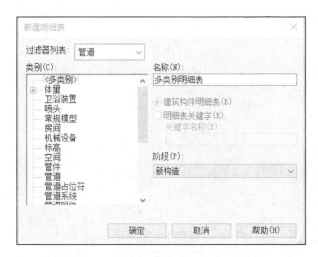

图 5-1-2

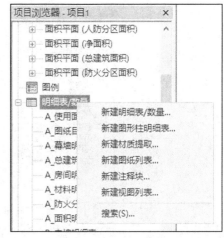

图 5-1-3

（2）图形柱明细表

图形柱明细表是用于统计结构柱的图形明细表，结构柱通过相交轴线及其顶部和底部的约束和偏移来标识，根据这些标识将结构柱添加到柱明细表中。

（3）材质提取

材质提取明细表是用于显示组成结构件所选用材质的详细信息的表格，具有其他明细表视图的所有功能和特征，还能针对建筑构件的子构件材质进行统计。

（4）图纸列表

图纸列表明细表是项目中图纸的明细表，在图纸列表中可以列出项目中所有的图纸信息，因此可将其用作施工图文档集的目录。

（5）注释块

注释块明细表只用于统计项目中使用的统一注释，在项目视图中有时需要注释的内容繁冗，可以使用数字指代注释内容，简化项目视图，而注释的内容记录在注释块当中，再将注释块明细表添加到图纸中。

（6）视图列表

视图列表明细表是项目中视图的明细表，在视图列表中，可按类型、标高、图纸或其他参数对视图进行排序和分组。

5.1.2　创建明细表方法

1. 绘制、编辑明细表

在建筑项目施工图设计阶段，最常使用的是门窗明细表。在 Revit 中常用"明细表/数量"命令来创建门窗明细表。

1）打开附件"独栋别墅.rvt"或打开软件自带建筑项目样例，单击"视图"选项卡→"创建"面板→"明细表"下拉按钮，在下拉列表中选择"明细表/数量"命令，弹出"新建明细表"对话框，在"类别"列表框中选择"门"对象类别，如图 5-1-4 所示。

图 5-1-4

2）单击"确定"按钮，弹出"明细表属性"对话框，在"字段"选项卡中，"可用的字段"列表框中显示的是门构件类型中所有可以在明细表中显示的实例参数和类型参数。单击"可用的字段"列表框中的字段名称，然后单击"添加"按钮，可用字段就添加到"明细表字段"中，若添加错误可以单击"删除"按钮进行删除。字段在"明细表字段"列表框中的顺序就是它们在明细表中的显示顺序。

依次在"明细表字段"列表框中选择"类型""宽度""高度""合计"，如图 5-1-5 所示。若需要调整表格中参数列的顺序，则选择字段单击"上移"和"下移"按钮进行顺序调整。

3）单击"过滤器"选项卡，在该选项卡中可以创建限制明细表中数据显示的过滤器，最多可以创建 8 个过滤器，如图 5-1-6 所示。明细表字段中许多类型可以用来创建过滤器，包括文字、编号、整数、长度、面积、体积、是/否、楼层和关键字等明细表参数。

图 5-1-5

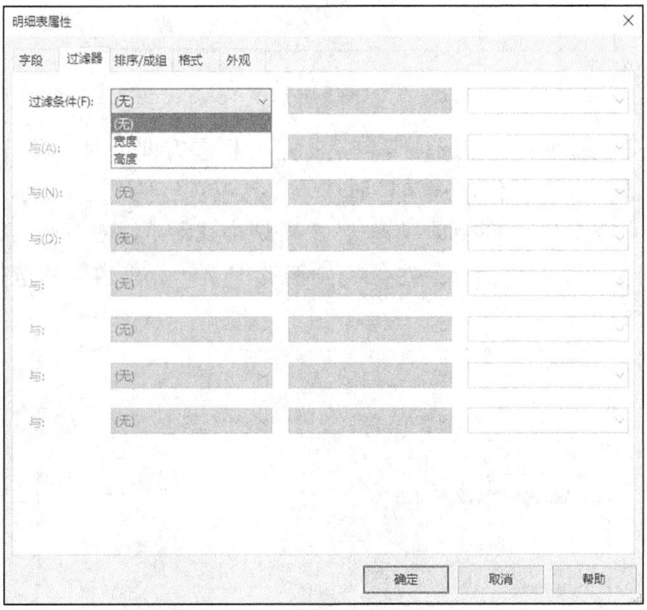

图 5-1-6

4）单击"排序/成组"选项卡，在该选项卡中可以指定明细表中行的排序选项，还可以将页眉、页脚以及空行添加到排序后的行中。

在"排序/成组"选项卡的窗口底部有"总计"与"逐项列举每个实例"复选框。其中"总计"有四种选项，分别是"标题、合计和总数""标题和总数""合计和总数""总数"。使用"总计"可以对明细表进行统计，在明细表底部单列一行提供总计的数目。

在"属性"设置任务窗格中默认选中"逐项列举每个实例"复选框，图元的每个实例都会单独用一行显示。如果取消选中此复选框，则多个实例会根据排序参数压缩到同一行中。

设置"排序方式"为"类型"，"否则按"为"宽度"，均设置为升序。选中"总计"复选框，选择"标题、合计和总数"选项，取消选中"逐项列举每个实例"复选框，如图 5-1-7 所示。

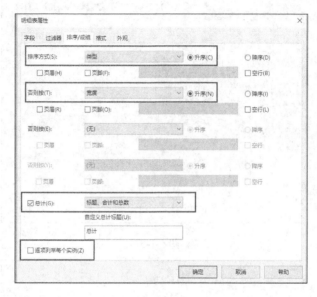

图 5-1-7

5）单击"格式"选项卡，该选项卡包括标题、标题方向、对齐参数设置，如图 5-1-8 所示；而"字段格式"和"条件格式"只适用于单元格内容为数字的列，其中"字段格式"可调整单位或小数位数，默认使用项目设置，"条件格式"可以对列进行计算，包括提取最大值、最小值及求和。其中"合计"对象类别需选中"计算总数"复选框，其他参数默认设置，如图 5-1-8 所示。

图 5-1-8

6）"外观"选项卡分为两部分，即"图形"和"文字"。"图形"用于调整网格线及轮廓线条样式，"文字"用于设置文字样式。

需要注意的是，在"图形"相关设置中有一个默认启用选项"数据前的空行"，该选项的启用是用一个空行打断表格标题和表格数据，如图 5-1-9 所示。

图 5-1-9

单击"确定"按钮，门明细表创建完成。若需要对明细表进行修改，可在"属性"设置任务窗格中选择"其他"中的对象类别进行编辑，如图 5-1-10 所示。

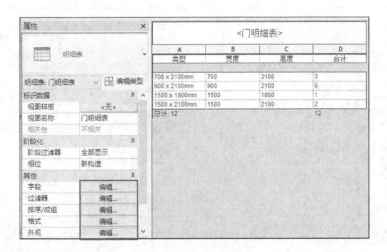

图 5-1-10

2. 明细表导出

单击项目浏览器中的"门明细表",如图 5-1-11 所示,进入门明细表视图。单击 ,
依次选择"导出"→"报告"→"明细表"命令,如图 5-1-12 所示;单击"保存"按钮后
导出"门明细表"到相应文件夹中,如图 5-1-13 所示。导出的文本类型明细表可以脱离 Revit
软件打开,可以利用 Office 软件进行后期的编辑修改。单击快速访问工具栏中的"保存"
按钮,保存当前项目成果。

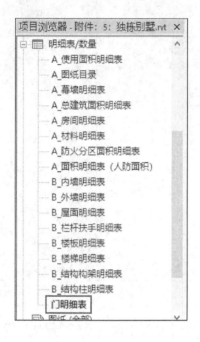

图 5-1-11

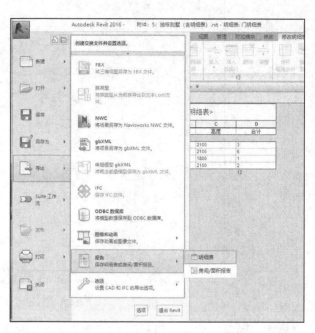

图 5-1-12

图 5-1-13

5.2　创建二维图纸

创建二维图纸

学习目标

了解图纸的概念和作用。

熟悉图框内容的编写。

掌握图纸的创建方法和视图的放置方法。

掌握图纸的输出方法。

5.2.1　图纸概述

1. 图纸简介

图纸是设计人员表达设计思想、传达设计意图的技术文件。建筑图纸是进行招投标及施工的重要依据。建筑图纸根据项目阶段的不同可以分为方案图、初设图和施工图等。

在 Revit 中，图纸一般由图纸、标题栏、项目视图和明细表这四部分组成。其中，图纸是承载一个或多个项目视图的对象；标题栏中指定了图纸尺寸大小并添加了页面边框、公司标识、项目信息和图纸版本等信息，类似模板；项目视图以视口的形式展现；明细表列出了构件、材料等项目信息的统计情况。

2. 图纸创建命令

单击"视图"选项卡"图纸组合"面板中的"图纸"按钮，如图 5-2-1 所示，在弹出的"新建图纸"对话框中根据需要选择相应的标题栏。在项目样板中提供了以 A0、A1、A2、A3 图幅为基础制作相应图幅的标题栏，若这些标题栏做法不能满足项目实际需要，就需要载入符合行业规定的标题栏。此处在"新建图纸"对话框中选择"A3 公制：A3"，如图 5-2-2 所示，单击"确定"按钮。

新建的图纸位于项目浏览器的"图纸（全部）"子项中，新建的图纸默认从"J0-01"开始编号，图纸名称为"未命名"。选中该图纸后右击，在弹出的快捷菜单中选择"重命名"命令，如图 5-2-3 所示；弹出"图纸标题"对话框，在编号的文本框中填写"JZ-11"，在名称的文本框中填写"一层平面图"，单击"确定"按钮，完成图纸标题的命名，如图 5-2-4 所示。

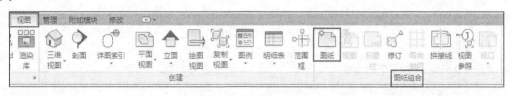

图 5-2-1

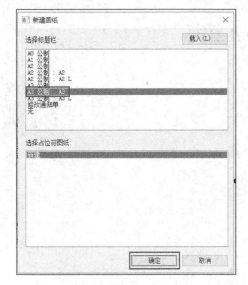

图 5-2-2

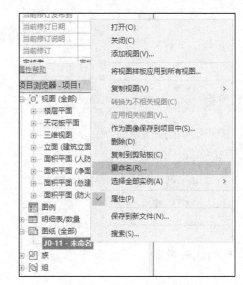

图 5-2-3

图 5-2-4

创建好的图纸如图 5-2-5 所示。在"属性"设置任务窗格中可以对"审核者""设计者""审图员""绘图员"等参数进行修改，如图 5-2-6 所示。

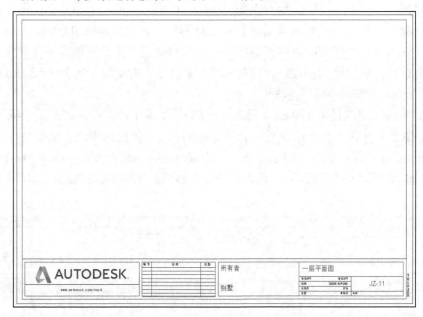

图 5-2-5

图 5-2-6

5.2.2　创建图纸

1. 绘制、编辑"独栋别墅"一层平面图图纸

1）打开附件"独栋别墅.rvt"，右击项目浏览器"楼层平面"视图中的 0 标高视图，选择"带细节复制"命令，如图 5-2-7 所示，将该平面视图重命名为"一层平面图"。

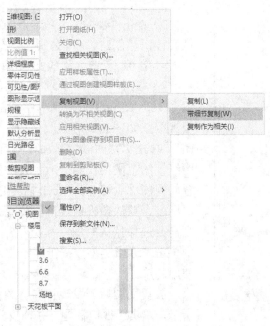

图 5-2-7

2）进入一层平面图视图后对轴网、门、窗等构件进行尺寸标注，如图 5-2-8 所示。

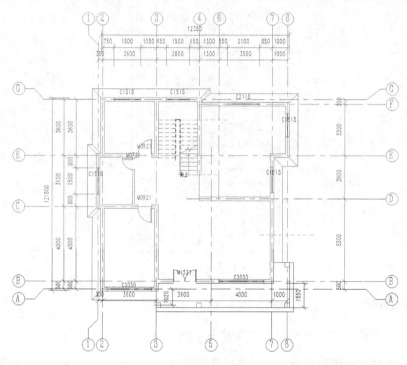

图 5-2-8

3）单击"视图"选项卡"图纸组合"面板中的"图纸"按钮，创建"A3 公制"图纸。在编号的文本框中输入"JZ-01"，在名称的文本框中输入"独栋别墅"。

4）单击"视图"选项卡"图纸组合"面板中的"视图"按钮，在弹出的对话框中列出了当前项目中所有可用视图，如图 5-2-9 所示。选择"楼层平面：一层平面图"，单击"在图纸中添加视图"按钮，在"独栋别墅"图纸视图范围内找到合适位置放置该视图（在图纸中放置的视图称为视口），Revit 软件自动在视口底部添加视口标题，默认该视口名称。如果想修改视口标题样式，则需要选择默认的视口标题，在"属性"设置任务窗格中单击"编辑类型"按钮，修改类型参数"标题"为所使用的族。

放置视图后若发现视口标题位置不对，如图 5-2-10 所示，单击"视口标题"并拖曳到合适位置，线条过长时单击"视口"调整线条长度；也可以在图纸视图中用直接拖曳的方式将一层平面图放置在图纸中。

图 5-2-9

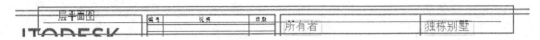

图 5-2-10

5）单击"注释"选项卡中的"符号"按钮，如图 5-2-11 所示，在"属性"设置任务窗格中找到"符号_指北针"，如图 5-2-12 所示，在图纸适当位置单击放置指北针符号。

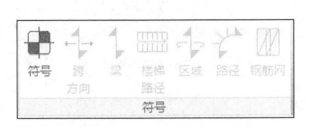

图 5-2-11

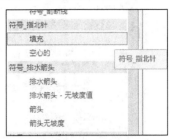

图 5-2-12

2. 图纸导出

在 Revit 中，可以将项目中选定的图纸转为不同格式以方便在其他软件中打开，对于编辑完成的图纸一般转为 CAD 格式。CAD 格式包括 DWG、DXF、DGN 和 ACIS（SAT）四种文件形式，图纸一般导出为".dwg"或".dxf"格式。

依次单击 → "导出" → "CAD 格式" → "DWG"，如图 5-2-13 所示；弹出"DWG 导出"对话框，如图 5-2-14 所示，单击"选择导出设置"选项框右侧的 按钮，弹出"修改导出设置"对话框。

图 5-2-13

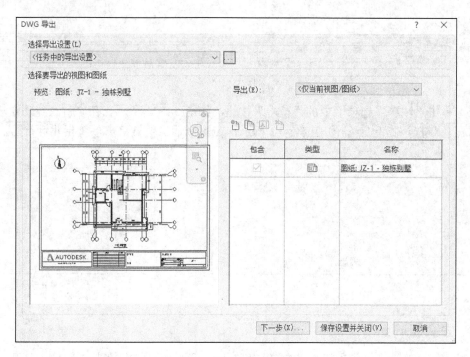

图 5-2-14

如无特殊要求可使用默认设置进行导出，单击"下一步"按钮，弹出文件保存对话框，默认保存为".dwg"格式，最后单击"确定"按钮。

Revit 建模综合案例

6.1 别 墅

学习目标

根据图纸信息，应用软件进行 BIM 建模环境的设置、参数化建模、明细表和图纸的创建及三维模型的渲染。

1. BIM 建模环境设置

设置项目信息：①项目发布日期：2020 年 12 月 26 日；②项目名称：别墅；③项目地址：中国北京市。

2. BIM 参数化建模

1）根据给出的图纸创建标高、轴网、柱、墙、门、窗、楼板、屋顶、台阶、楼梯等构件，栏杆尺寸及类型自定义。门窗需按门窗表（图 6-1-1）尺寸完成创建，窗台自定义，未标明尺寸不做要求。

2）主要建筑构件参数要求如下。外墙：300，10 厚黄色涂料、280 厚混凝土砌块、10 厚白色涂料；内墙：240，10 厚白色涂料、220 厚混凝土砌块、10 厚白色涂料；一楼底板 450 厚混凝土；楼板 150 厚混凝土；屋顶 200 厚混凝土；散水宽度 800。

门窗表

类型	设计编号	洞口尺寸(mm)	数量
普通门	M0924	900x2400	8
	M0724	700x2400	2
	M2124	2100x2400	1
	M2427	2400x2700	1
卷帘门	M3024	3000x2400	1
普通窗	C1821	1800x2100	5
	C0921	900x2100	2
拱形平开窗	C1816	1800x1600	4
	C2033	2000x3300	1
	C3055	3000x5500	1

图 6-1-1

3. 创建图纸

1）创建门窗明细表，门明细表要求包含类型标记、宽度、高度、合计字段，窗明细表要求包含类型标记、底高度、宽度、高度、合计字段，并计算总数。

2）创建项目一层平面图，创建 A3 公制图纸，将一层平面图插入图纸，并将视图比例调整为 1：100。

4. 模型渲染

对房屋的三维模型进行渲染，质量设置：中，设置背景为"天空：少云"，照明方案为"室外：日光和人造光"，其他未标明选项不做要求，完成渲染后以"别墅渲染.JPG"为文件名保存至本题文件夹中。

5. 模型文件管理

将模型文件命名为"别墅"，并保存项目文件。别墅案例图纸如图 6-1-2～图 6-1-9 所示。

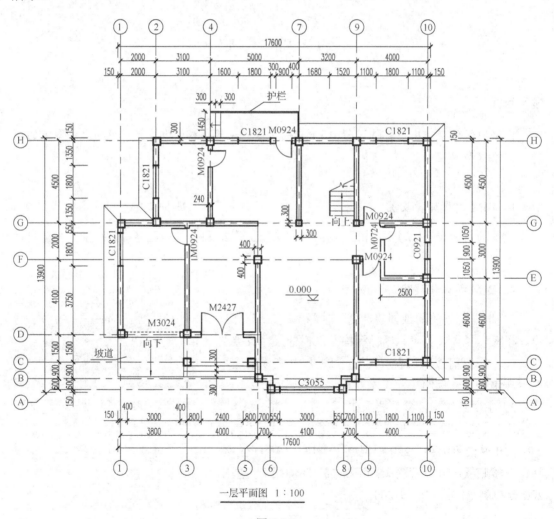

一层平面图 1：100

图 6-1-2

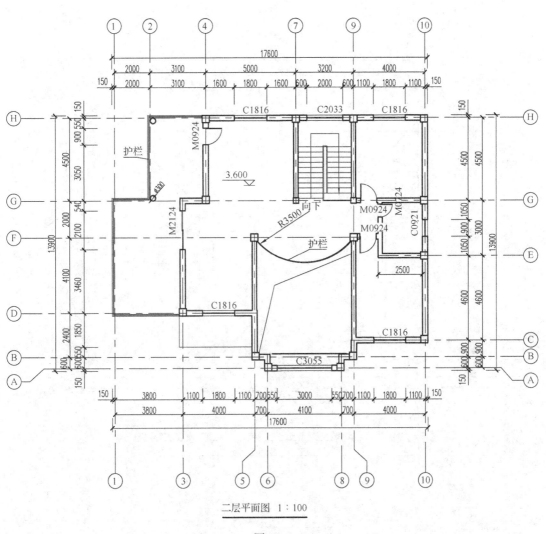

二层平面图 1∶100

图 6-1-3

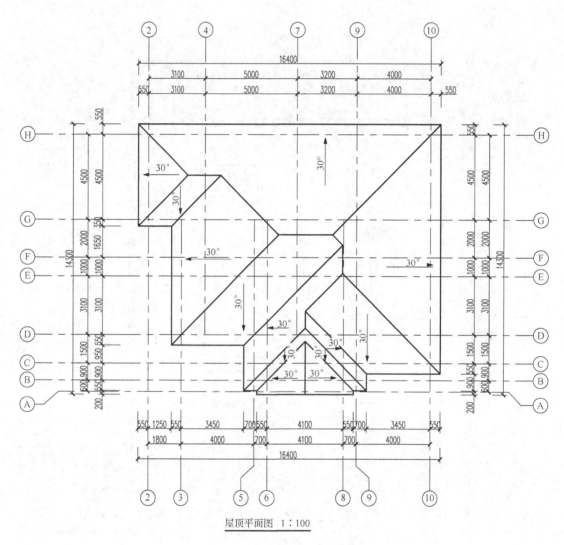

屋顶平面图 1:100

图 6-1-4

1—10轴立面图　1∶100

图 6-1-5

10—1轴立面图　1∶100

图 6-1-6

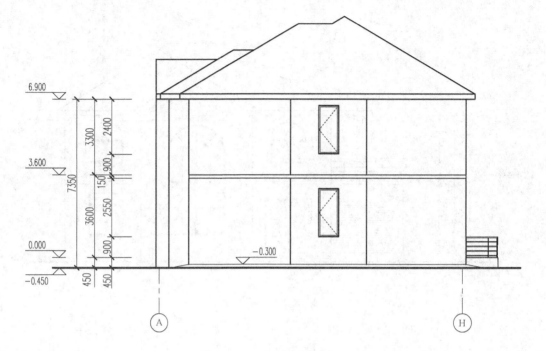

A—H轴立面图 1:100

图 6-1-7

H—A轴立面图 1:100

图 6-1-8

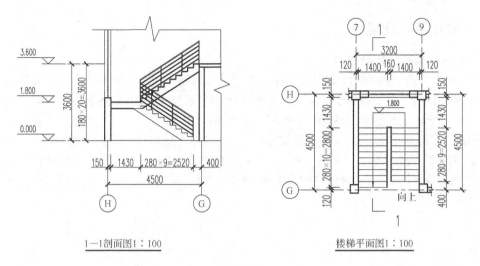

1—1剖面图1∶100　　　　　　楼梯平面图1∶100

图 6-1-9

6.1.1　BIM 建模环境设置

1）启动 Revit 软件，调用"建筑样板"新建项目文件，单击"保存"按钮并命名为"别墅.rvt"。

2）设置信息，单击"管理"选项卡中的"项目信息"按钮，弹出"项目属性"对话框，在对话框中相应位置添加信息，单击"确定"按钮完成信息的添加，如图 6-1-10 所示。

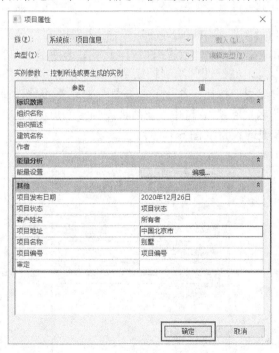

图 6-1-10

6.1.2　BIM 参数化建模

（1）标高轴网创建及修改

1）创建标高。在项目浏览器中双击"立面"视图中的"南"视图，根据图 6-1-5 "1—10 轴立面图"先修改默认标高，将鼠标指针放置到要修改的标高上，双击即可进入修改状态，将标高 2 "4.000"改为"3.600"，如图 6-1-11 所示。单击"建筑"选项卡中"标高"按钮，在标高 2 上，从左对齐到右对齐创建标高 3，在标高 1 下方创建标高 4。同修改标高 2 的操作方式修改标高 3 为 6.900m、标高 4 为−0.450m；同时将鼠标指针移动到标高名称上，双击对其重命名，命名完成后弹出提醒对话框，单击"是"按钮。完成后如图 6-1-12 所示。

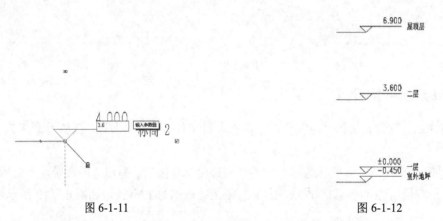

图 6-1-11　　　　　　　　　　　　　　　　　　图 6-1-12

2）创建轴网。在项目浏览器中双击"楼层平面"视图中的"一层"视图，单击"建筑"选项卡中"轴网"按钮，在"修改 | 放置 轴网"上下文选项卡中单击"直线"按钮。根据"一层平面图"（图 6-1-2），在绘图区绘制轴线①。单击创建完成的轴线，在"属性"设置任务窗格中单击"编辑类型"按钮，在"类型属性"对话框中修改"类型"为"6.5mm 编号"，设置"轴线中段"为"连续"，选中"平面视图轴号端点 1（默认）"复选框，单击"确定"按钮，完成轴网参数的设置（图 6-1-13）。

图 6-1-13

　　单击"修改"选项卡中的"复制"按钮，选中轴线①，按空格键或右击选择"完成选择"命令，在选项栏中选中"多个"复选框。单击轴网位置作为复制起始点，鼠标指针向右滑动，输入复制间距，然后按 Enter 键完成一次复制命令。可继续输入间距按 Enter 键完成其他数字轴线的创建。将鼠标指针移动至轴号上修改对应的轴号名称。同理完成字母轴线的创建。绘制完成的轴网如图 6-1-14 所示。

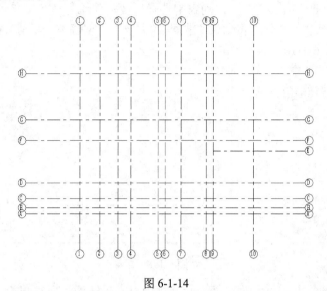

图 6-1-14

　　3）调整轴线的样式。选中轴线②，解锁"对齐约束"命令，单击轴号端部控制点，按住鼠标左键向上移动至 G 轴，取消单侧轴头显示。调整轴号重叠，选中轴线⑤，单击"添加弯头"按钮，通过调整控制点调整方向。根据一层平面图，依次修改其他轴线，完成后的效果如图 6-1-15 所示。

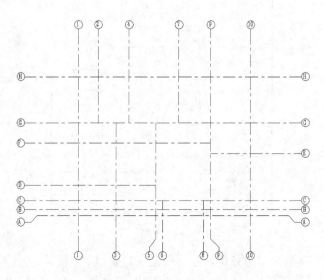

图 6-1-15

4）选中所有轴线，单击"修改｜轴网"上下文选项卡中的"影响范围"按钮，弹出"影响基准范围"对话框，选中"楼层平面：二层""楼层平面：场地""楼层平面：室外地坪""楼层平面：屋顶层"复选框，单击"确定"按钮，将当前层轴网修改样式影响到其他楼层。

（2）墙创建及修改

1）创建墙体。在项目浏览器中双击"楼层平面"视图中的"一层"视图，单击"建筑"选项卡中的"墙"下拉按钮，在下拉列表中选择"墙：建筑"命令，单击"属性"设置任务窗格中的"编辑类型"按钮，将默认"常规-200mm"类型墙体，复制新类型，命名为"外墙-300mm"，如图 6-1-16 所示。

图 6-1-16

2）编辑墙材质。在墙"类型属性"对话框中单击"结构"项右侧的"编辑"按钮，弹出"编辑部件"对话框，在对话框中进行墙体构造层材质的添加，如图 6-1-17 所示。

图 6-1-17

3）根据一层平面图先创建外墙。在"修改｜放置 墙"上下文选项卡中单击"直线"按钮，在"属性"设置任务窗格中设置"底部限制条件"为"一层"，"顶部约束"为"二层"，沿着顺时针方向依次单击，创建生成外墙，如图 6-1-18 所示。

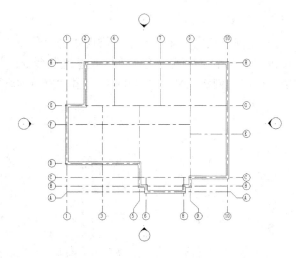

图 6-1-18

4）创建内墙，与外墙创建方式一致。墙体构造层添加如图 6-1-19 所示；通过单击两点方式绘制内墙，调整好墙体位置，如图 6-1-20 所示。

图 6-1-19

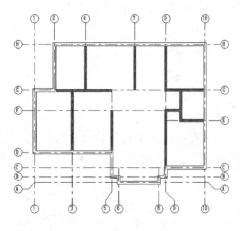

图 6-1-20

5）切换至三维视图查看一层内外墙效果，如图 6-1-21 所示。

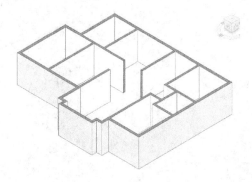

图 6-1-21

（3）柱创建及修改

1）创建柱。在项目浏览器中双击"楼层平面"视图中的"一层"视图，单击"建筑"选项卡中的"柱"下拉按钮，在下拉列表中选择"柱：建筑"命令，单击"属性"设置任务窗格中的"编辑类型"按钮，创建尺寸为"400×400"和"300×300"的两种柱类型，如图 6-1-22 所示。

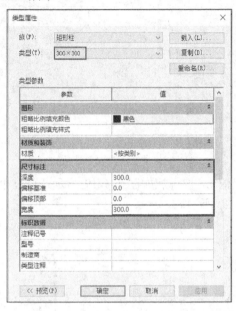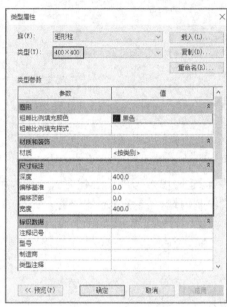

图 6-1-22

2）在选项栏中设置柱的高度信息。设置"高度"为"二层"，如图 6-1-23 所示。根据图纸放置柱，三维效果如图 6-1-24 所示。

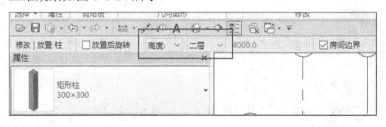

图 6-1-23

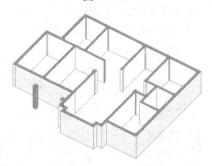

图 6-1-24

（4）门创建及修改

1）创建门，如 M2427。在项目浏览器中双击"楼层平面"视图中的"一层"视图，单击"建筑"选项卡中的"门"按钮，自动进入"修改｜放置门"上下文选项卡。单击"模式"面板中的"载入族"按钮，弹出"载入族"对话框，在对话框中依次选择"建筑"文件夹→"门"文件夹→"普通门"文件夹→"平开门"文件夹→"双扇"文件夹→"双面嵌板木门 5.rfa"文件，单击"打开"按钮将族载入到项目中，如图 6-1-25 所示。

图 6-1-25

2）单击"属性"设置任务窗格中的"编辑类型"按钮，弹出"类型属性"对话框，在对话框中单击"复制"按钮，在弹出的"名称"对话框中输入名称"M2427"，修改对应尺寸，单击"确定"按钮完成编辑，如图 6-1-26 所示。根据门窗表及图纸创建其他类型门，并放置在合适位置，完成一层门创建，效果如图 6-1-27 所示。

图 6-1-26

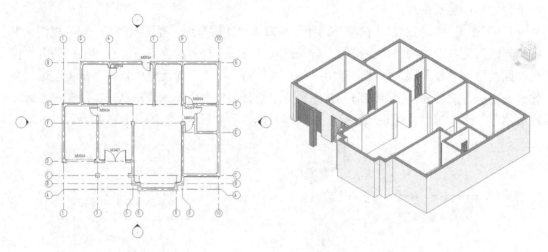

图 6-1-27

（5）窗创建及修改

1）创建窗，如 C3055。在项目浏览器中双击"楼层平面"视图中的"一层"视图，单击"建筑"选项卡中的"窗"按钮，自动进入"修改 | 放置窗"上下文选项卡，单击"模式"面板中的"载入族"按钮，在"载入族"对话框中依次选择"建筑"文件夹→"窗"文件夹→"装饰窗"文件夹→"西式"文件夹→"木格平开窗 2.rfa"文件，单击"打开"按钮，如图 6-1-28 所示。

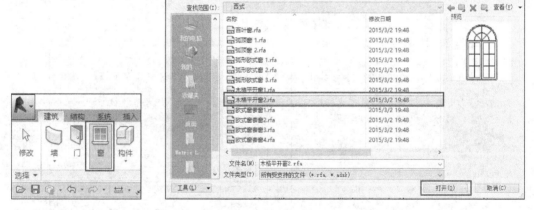

图 6-1-28

2）单击"属性"设置任务窗格中的"编辑类型"按钮，弹出"类型属性"对话框，在对话框中单击"复制"按钮，在弹出的"名称"对话框中输入名称"C3055"，修改对应尺寸，单击"确定"按钮完成编辑，如图 6-1-29 所示。

3）调整窗高度。选中创建完成的窗，在"属性"设置任务窗格中设置"底高度"为"900.0"，如图 6-1-30 所示。根据门窗表及图纸创建其他类型窗，并放置在合适位置，完成一层窗创建，效果如图 6-1-31 所示。

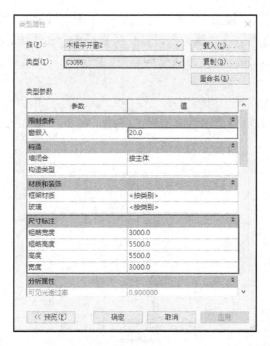

图 6-1-29

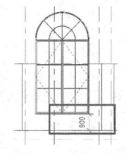

图 6-1-30

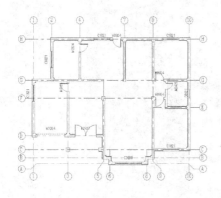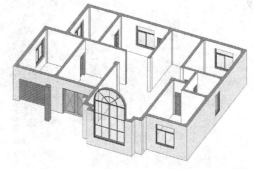

图 6-1-31

（6）楼板创建及编辑

1）编辑楼板参数。在项目浏览器中双击"楼层平面"视图中的"一层"视图，单击"建筑"选项卡中的"楼板"下拉按钮，在下拉列表中单击"楼板：建筑"按钮。根据图纸可知，一层底板为 450mm 厚，在"属性"设置任务窗格中单击"编辑类型"按钮，复制新类型，命名为"一层底板-450mm"，修改结构厚度，材质设置为混凝土，单击"确定"按钮完成编辑。

2）创建楼板。在"修改 | 编辑边界"上下文选项卡中单击"边界线"中的"直线"按钮，根据图纸要求，沿外墙外边缘绘制楼板边界线，在 3～5 轴，楼板边缘沿柱外边缘，如图 6-1-32 所示。

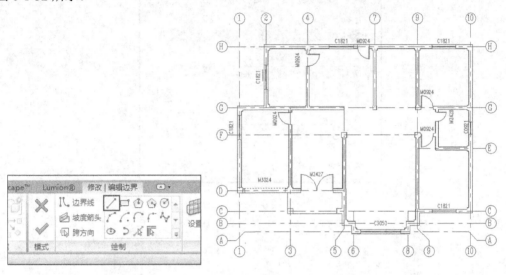

图 6-1-32

3）单击选项卡中的"完成编辑模式"按钮生成楼板。切换至三维视图，效果如图 6-1-33 所示。

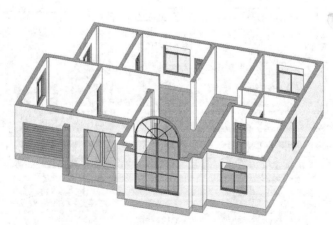

图 6-1-33

（7）创建二层墙、柱、门、窗及修改跨层构件

1）二层墙、柱、门、窗创建方法与一层相同，也可将一层墙、柱、门、窗通过复制、编辑创建到二层，创建完成后的效果如图 6-1-34 所示。

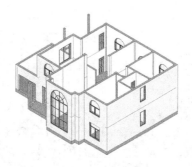

图 6-1-34

2）修改跨层构件，本案例中的 C3055 和 C2033 跨越两层墙。单击"修改"选项卡中的"连接"下拉按钮，在下拉列表中选择"连接几何图形"命令，依次单击相对应的一层和二层的墙体进行图元的几何连接，即可使窗同时扣减两个图元，如图 6-1-35 所示。

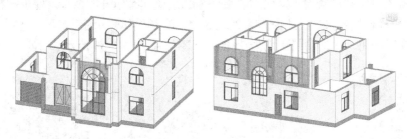

图 6-1-35

（8）二层楼板创建及修改

1）创建二层楼板方法与创建一层楼板一致，需要修改类型为"楼板-150mm"，楼板边界如图 6-1-36 所示，其中需要扣除楼梯位置和中庭上挑空。弧形边界创建方法，选择"修改｜编辑边界"上下文选项卡→"边界线"→"起点-终点-半径弧"命令，单击两侧柱角为起点和终点，输入半径 3500，按 Enter 键，完成半径弧的创建，如图 6-1-37 所示。

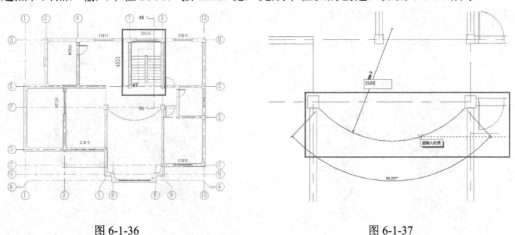

图 6-1-36   图 6-1-37

2）单击选项卡中的"完成编辑模式"按钮，在弹出的提示对话框中单击"是"按钮，生成楼板，如图 6-1-38 所示。

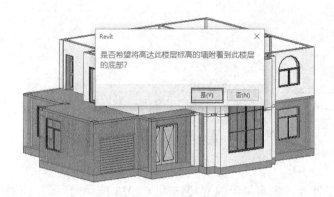

图 6-1-38

3）切换至三维视图查看，发现一层墙体与二层墙体有断开的情况，柱子与楼板有重叠情况，对此类构件进行处理。选中需要处理的墙，单击"修改｜墙"上下文选项卡中的"分离顶部/底部"按钮，在选项栏中选择"全部分离"，如图 6-1-39 所示。

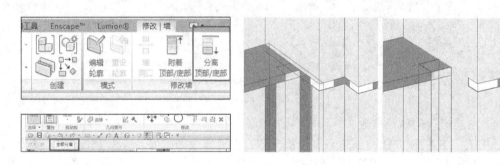

图 6-1-39

4）修改柱，选择需要修改的柱，单击"修改｜墙"上下文选项卡中的"附着顶部/底部"按钮，单击附着到的构件楼板，如图 6-1-40 所示。

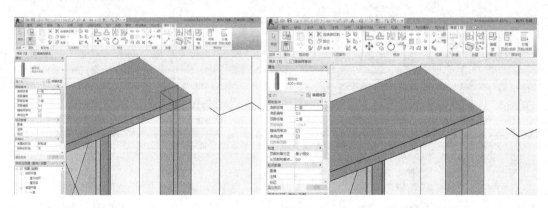

图 6-1-40

5）修改完全部的构件后三维效果如图 6-1-41 所示。

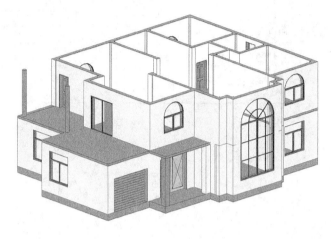

图 6-1-41

（9）屋面创建及修改

1）创建屋面。在项目浏览器中双击"楼层平面"视图中的"屋顶层"视图，单击"建筑"选项卡中的"屋顶"下拉按钮，在下拉列表中单击"迹线屋顶"按钮，自动进入"修改｜创建屋顶迹线"上下文选项卡，选择"边界线"中的"直线"命令。

由屋顶平面图可知，屋顶轮廓沿轴网交点向外偏移 500，在选项栏中设置悬挑偏移量为 500，快速创建边界，按平面图所给尺寸，沿轴线顺时针方向绘制一个迹线轮廓，如图 6-1-42 所示。

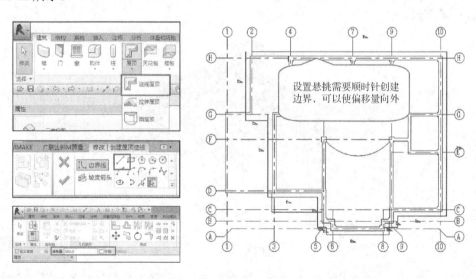

图 6-1-42

2）单击"修改｜创建屋顶迹线"上下文选项卡中的"修剪/延伸为角"按钮，将未封闭的轮廓线进行修剪，如图 6-1-43 所示。

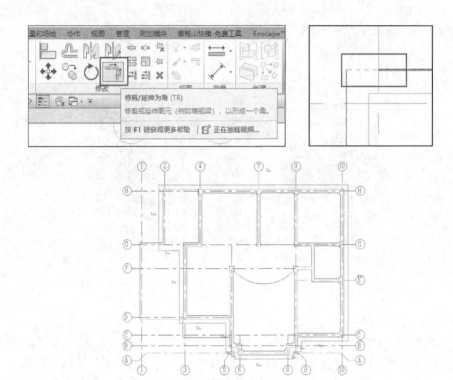

图 6-1-43

3）选中所有迹线，将"属性"设置任务窗格中的"坡度"设置为30°。

4）单击选项卡中的"完成编辑模式"按钮生成屋顶，直接切换至三维视图查看，如图 6-1-44 所示。

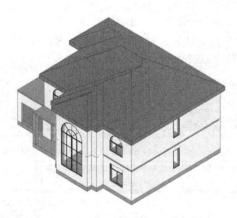

图 6-1-44

5）墙、柱附着。选中二层所有的墙体，单击"修改｜选择多个"上下文选项卡中的"过滤器"按钮，只选中"墙体"类别对象，单击"确定"按钮，进入"修改｜墙"上下文选项卡。单击"修改｜墙"上下文选项卡中的"附着顶部/底部"按钮，单击选择附着到的对象屋顶，利用同样的方式将柱也附着到屋顶。三维效果如图 6-1-45 所示。

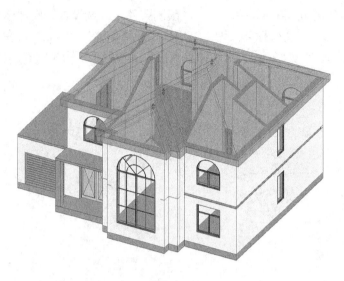

图 6-1-45

（10）楼梯创建及修改

1）创建楼梯。在项目浏览器中双击"楼层平面"视图中的"一层"视图，单击"建筑"选项卡中的"楼梯"下拉按钮，在下拉列表中选择"楼梯按构件"命令。

2）由楼梯平面图获取楼梯梯段定位、高度、几何尺寸等信息。定位信息，本案例为双跑平行楼梯，采用四点建模法创建，四点即第一梯段中心起始点、第一梯段中心终止点、第二梯段中心起始点、第二梯段中心终止点。单击"修改｜创建楼梯"上下文选项卡中的"参照平面"按钮，根据图纸查找上述四点距离轴线位置，如图 6-1-46 所示。

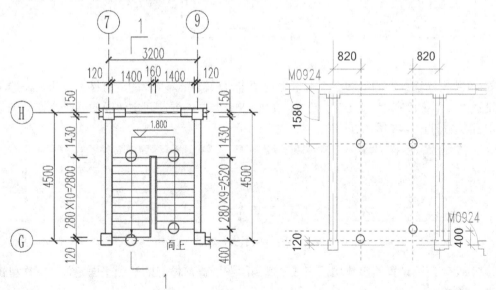

图 6-1-46

3）在"属性"设置任务窗格中，在类型选择器中选择"整体浇筑楼梯"，根据楼梯

1—1 剖面图知高度在 0.000~3.600m，在"限制条件"区域设置"底部标高"为"一层"、"底部偏移"为"0.0"、"顶部标高"为"二层"、"顶部偏移"为"0.0"，在"尺寸标注"区域设置"所需踢面数"为"20"、"实际踏板深度"为"280.0"，如图 6-1-47 所示。

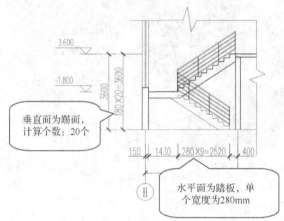

图 6-1-47

4）单击"修改 | 创建楼梯"上下文选项卡"梯段"选项中的"直梯"按钮，在选项栏中设置"实际梯段宽度：1400"，选中"自动平台"复选框，创建梯段的同时会自动创建休息平台，如图 6-1-48 所示。

图 6-1-48

5）此时前期设置的参数均已完成，找到绘图区提前做好的参照平面定位，依次单击四点进行建模。

6）采用四点建模法，发现第四点没有达到设定的位置，少一个踏面，单击选项卡中的"完成编辑模式"按钮生成楼梯。切换至楼梯剖面视图，单击"修改 | 楼梯"上下文选项卡中的"编辑楼梯"按钮，选中上面梯段，在"属性"设置任务窗格中取消选中"以踢面结束"

复选框，将梯段前段出现的圆形"控制点"向左拖曳，即可完成楼梯，如图 6-1-49 所示。

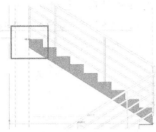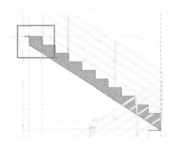

图 6-1-49

7）选中楼梯，单击"修改｜楼梯"上下文选项卡中的"选择框"按钮，跳转到三维剖面框查看楼梯，如图 6-1-50 所示。

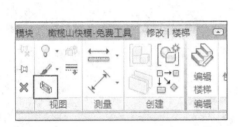

图 6-1-50

（11）栏杆扶手创建及修改

1）楼梯间栏杆扶手。创建楼梯的同时，楼梯扶手会自动生成，可将楼梯靠墙侧栏杆扶手删除，如图 6-1-51 所示。

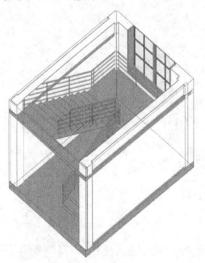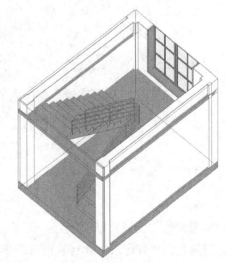

图 6-1-51

2）创建二层室内栏杆扶手和二层阳台栏杆扶手。在项目浏览器中选择"楼层平面"视图中的"二层"视图，单击"建筑"选项卡中的"栏杆扶手"下拉按钮，在下拉菜单中单击"绘制路径"按钮，应用"起点-终点-半径弧""直线"等命令创建各处栏杆扶手，如图 6-1-52 所示。三维效果如图 6-1-53 所示。

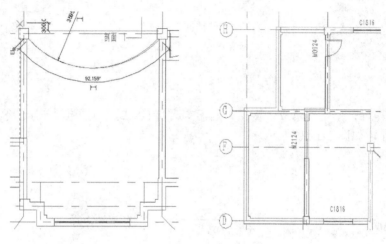

图 6-1-52

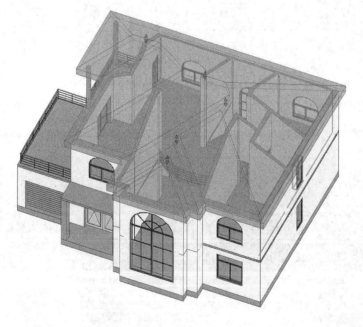

图 6-1-53

（12）室外构件创建及修改

1）创建北侧室外台阶。此台阶可看作单跑楼梯，操作方法如下：复制新类型、设置参数如图 6-1-54 所示。设置参照平面定位（两点法），创建楼梯如图 6-1-55 所示。创建平台，

在"修改 | 创建楼梯"上下文选项卡中单击"平台"选项中的"创建草图"按钮，如图 6-1-56
所示。在"修改 | 创建楼梯>绘制平台"上下文选项卡中单击"边界"选项中的"矩形"按
钮创建平台边界，如图 6-1-57 所示。选中自动生成的"栏杆扶手"，双击进入到栏杆扶手
编辑状态，将内侧边界线删除。完成后三维效果如图 6-1-58 所示。

图 6-1-54

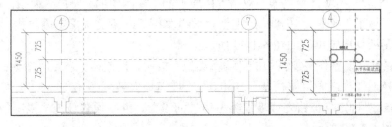

图 6-1-55

图 6-1-56

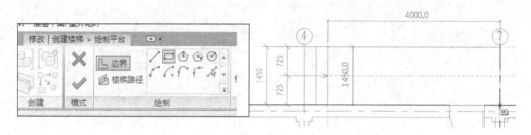

图 6-1-57

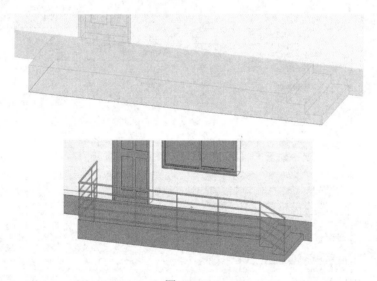

图 6-1-58

2）创建坡道。在项目浏览器中双击"楼层平面"视图中的"一层"视图，单击"建筑"选项卡中的"坡道"按钮，在"修改｜创建坡道草图"上下文选项卡中单击"参照平面"按钮，根据图纸完成定位，如图 6-1-59 所示。

单击"属性"设置任务窗格中的"编辑类型"按钮，设置相应参数"造型：实体"、"坡道材质：混凝土"、"最大斜坡长度：2150.0"、"坡道最大坡度（1/x）：=2150/450"（长度除以高度），单击"确定"按钮完成坡道类型信息的设置，继续设置坡道"限制条件""宽度"等参数，如图 6-1-60 所示。

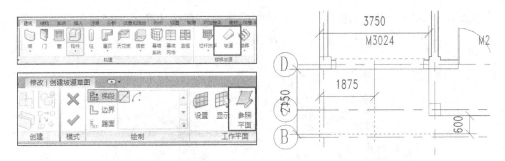

图 6-1-59

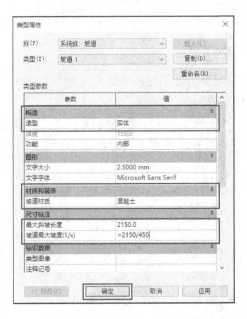

图 6-1-60

选择"修改｜创建坡道草图"上下文选项卡"梯段"选项中的"直线"按钮,在绘图区使用两点法创建坡道模型,如图 6-1-61 所示。

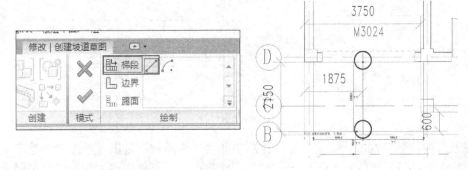

图 6-1-61

单击选项卡中的"完成编辑模式"按钮生成坡道。直接切换至三维视图查看，由于图中没有扶手，可选中直接删除，如图 6-1-62 所示。

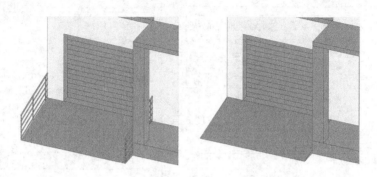

图 6-1-62

3）创建南侧台阶。使用"内建构件"命令进行创建，单击"建筑"选项卡中"构件"下拉按钮，在下拉列表中单击"内建模型"按钮。

在"族类别和族参数"对话框中设置"族类别"为"常规模型"，单击"确定"按钮，将内建模型命名为"南侧台阶"，单击"确定"按钮后进入内建模型编辑器中，如图 6-1-63 所示。

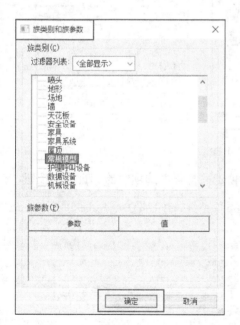

图 6-1-63

在项目浏览器中双击"楼层平面"视图中的"室外地坪"视图，单击"创建"选项卡中的"拉伸"按钮，如图 6-1-64 所示。在"工作平面"对话框中指定新的工作平面名称为"轴网：3"。

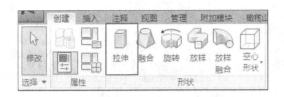

图 6-1-64

单击"修改｜创建拉伸"上下文选项卡中的"直线"按钮，按图纸信息创建梯段轮廓如图 6-1-65 所示。

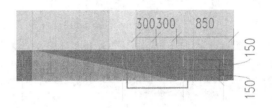

图 6-1-65

单击选项卡中的"完成编辑模式"按钮生成梯段。在项目浏览器中双击"楼层平面"视图中的"室外地坪"视图，选中创建的梯段模型，通过上下控制点对模型的长度进行修改，如图 6-1-66 所示。

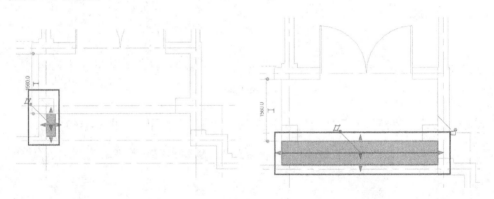

图 6-1-66

单击选项卡中的"完成模型"按钮，退出当前内建模型编辑状态。三维视图效果如图 6-1-67 所示。

4）创建散水。单击"建筑"选项卡中的"构件"下拉按钮，在下拉列表中选择"内建模型"命令。

在"族类别和族参数"对话框中设置"族类别"为"常规模型"，单击"确定"按钮；将内建模型命名为"散水"，单击"确定"按钮后进入内建模型编辑器中。

在项目浏览器中双击"楼层平面"视图中的"室外地坪"视图，单击"创建"选项卡中的"放样"按钮，如图 6-1-68 所示。

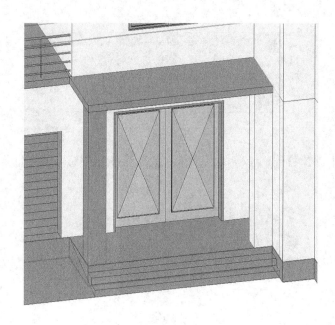

图 6-1-67

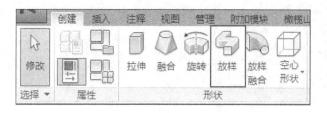

图 6-1-68

单击"修改 | 放样"上下文选项卡中的"绘制路径"按钮,如图 6-1-69 所示。

图 6-1-69

　　单击"修改 | 放样>绘制路径"上下文选项卡中的"直线"按钮,先创建散水路径,如图 6-1-70 所示。单击选项卡中的"完成路径"按钮,单击"修改 | 放样"上下文选项卡中的"编辑轮廓"按钮,在弹出的"转到视图"对话框中选择"立面:北"视图选项,单击"打开视图"按钮,单击"修改 | 放样>编辑轮廓"上下文选项卡中的"直线"按钮,在绘图区找到路径"放样点",在放样点创建轮廓,如图 6-1-71 所示。

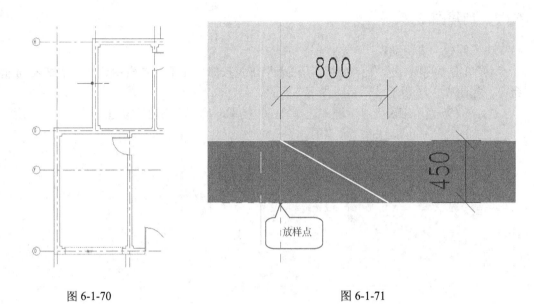

<table>
<tr><td>图 6-1-70</td><td>图 6-1-71</td></tr>
</table>

　　单击选项卡中的"完成轮廓"按钮，再单击选项卡中的"完成编辑模式"按钮，至此完成一次放样命令，相同操作完成其他位置散水。直接切换至三维视图查看，如图 6-1-72 所示。

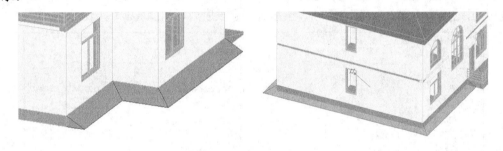

图 6-1-72

整体三维效果如图 6-1-73 所示。

图 6-1-73

6.1.3 创建图纸

（1）创建门窗明细表

1）单击"视图"选项卡中的"明细表"下拉按钮，在下拉列表中选择"明细表/数量"命令，如图 6-1-74 所示。

2）在"新建明细表"对话框中选择"门"类别，单击"确定"按钮，如图 6-1-75 所示。

图 6-1-74   图 6-1-75

3）弹出"明细表属性"对话框，对明细表信息进行设置。根据要求添加相应的字段，依次选中"类型标记""宽度""高度""合计"等可用字段，单击"添加"按钮；选中某一字段，通过单击下方"上移""下移"按钮调整字段序列，如图 6-1-76 所示。

图 6-1-76

4）明细表要求"计算总数"，在"明细表属性"对话框的"排序/成组"选项卡中，设置"排序方式"为"类型标记"，选中"总计"复选框，取消选中"逐项列举每个实例"复选框，如图 6-1-77 所示；在"明细表属性"对话框"格式"选项卡中，选中"合计"对象类别，选中"计算总数"复选框，单击"确定"按钮完成门明细表的创建，如图 6-1-78 所示。

5）完成门明细表，利用同样的方法创建窗明细表，如图 6-1-79 所示。

图 6-1-77

图 6-1-78

图 6-1-79

（2）创建项目一层平面图

在 Revit 软件中，可以在对应视图中进行尺寸标记，将完成的视图放置到图纸中。图纸标记主要分为几何尺寸标记、门窗标记、符号标记、文字注释等。

1）几何尺寸标记。在项目浏览器中双击"楼层平面"视图中的"一层"视图，选中轴线，调整轴线"轴头"位置与模型之间的距离满足尺寸线的放置。单击"视图"选项卡中的"可见性/图形"按钮，弹出"楼层平面：一层的可见性/图形替换"对话框，在对话框中"注释类别"选项卡中取消选中"立面"复选框，将立面符号隐藏，如图 6-1-80 所示。

图 6-1-80

　　单击"注释"选项卡中的"对齐"按钮，将鼠标指针移动至绘图区，依次对轴线、门窗定位、外墙定位进行单击标注，可连续单击进行连续标注，单击空白位置结束连续标注。

　　若连续标注完成后，还需要增加或者删除标注，可选中已完成的标注线，单击"修改｜尺寸标注"上下文选项卡中的"编辑尺寸界线"按钮，继续在绘图区单击想要标记的对象。

　　几何尺寸标记完成后效果如图 6-1-81 所示。

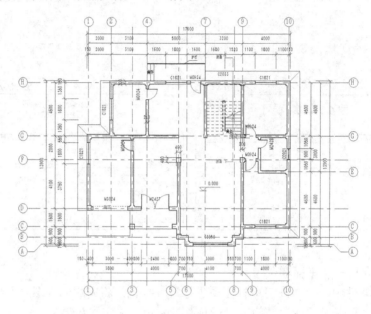

图 6-1-81

　　2）门窗标记。单击"注释"选项卡中的"全部标记"按钮，可将已经标记或未标记的构件进行标号统一标记，如图 6-1-82 所示。

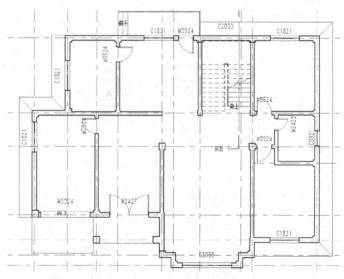

图 6-1-82

3）符号标记。单击"注释"选项卡中的"高程点"按钮，将鼠标指针移动到绘图区，单击空白位置，自动识别楼板标高，调整标高符号位置，如图 6-1-83 所示。

4）文字注释。单击"注释"选项卡中的"文字"按钮，单击"注释"选项卡中的"详图线"按钮，创建文字注释，如图 6-1-84 所示。

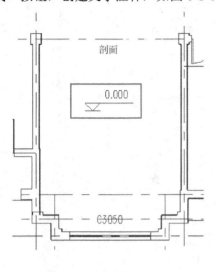

图 6-1-83

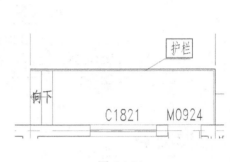

图 6-1-84

（3）创建图纸

在项目浏览器中右击"图纸"选项，弹出"新建图纸"对话框，在对话框中选择"A3公制"对象类别，单击"确定"按钮，完成图纸的创建，如图 6-1-85 所示。

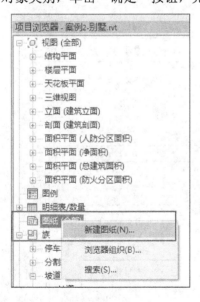

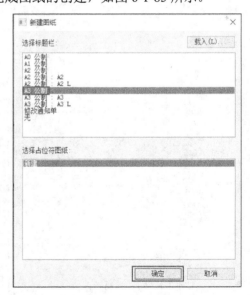

图 6-1-85

在项目浏览器中双击"楼层平面"视图中的"一层"视图，按住鼠标将一层拖曳到 A3图框中，完成项目一层平面图的创建，如图 6-1-86 所示。

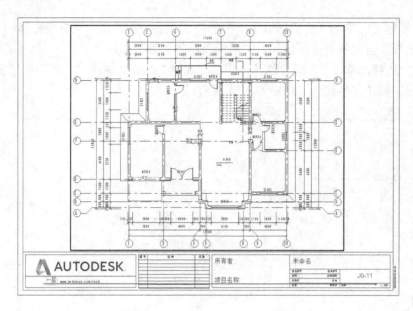

图 6-1-86

6.1.4　模型渲染

1）切换至三维视图，单击"视图"选项卡中的"渲染"按钮，在弹出的"渲染"对话框中进行设置，如图 6-1-87 所示。

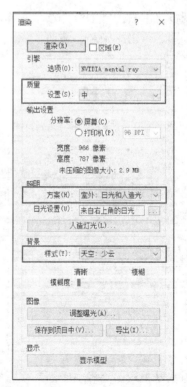

图 6-1-87

2）设置好参数，单击"渲染"按钮，渲染结果如图 6-1-88 所示。

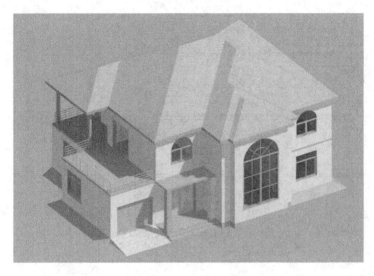

图 6-1-88

6.2　办　公　楼

学习目标

根据图纸信息，应用软件进行较复杂建筑物 BIM 建模环境的设置，参数化建模。

1. BIM 建模环境设置

设置项目信息：①项目发布日期：2021 年 3 月 5 日；②项目名称：办公楼；③项目地址：×××省×××市×××路西侧；④项目编号：A0004。

2. BIM 参数化建模

根据给出的图纸创建标高、轴网、柱、墙、门、窗、楼板、屋顶、台阶、楼梯、散水、女儿墙、腰线等构件和室外地坪，栏杆尺寸及类型自定。构件建筑做法详见表 6-2-1，门窗表详见表 6-2-2，未标明尺寸不做要求。

3. 模型文件管理

将模型文件命名为"办公楼"，并保存项目文件。

图纸如图 6-2-1～6-2-12 所示。

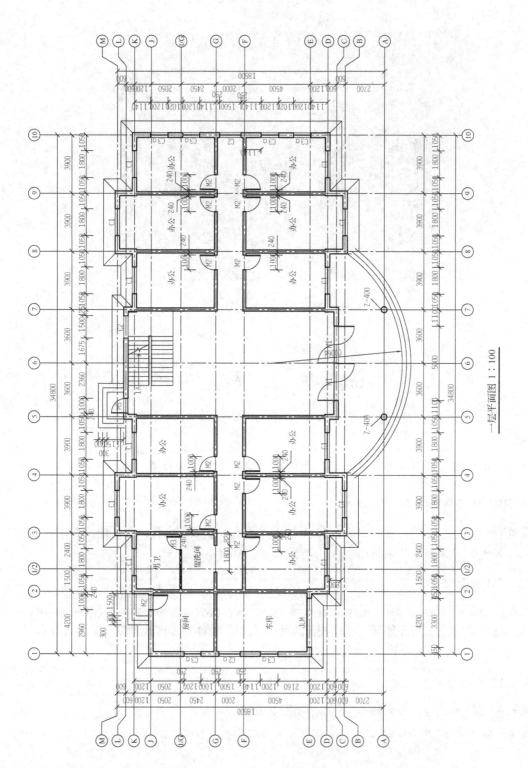

一层平面图 1：100

图 6-2-1

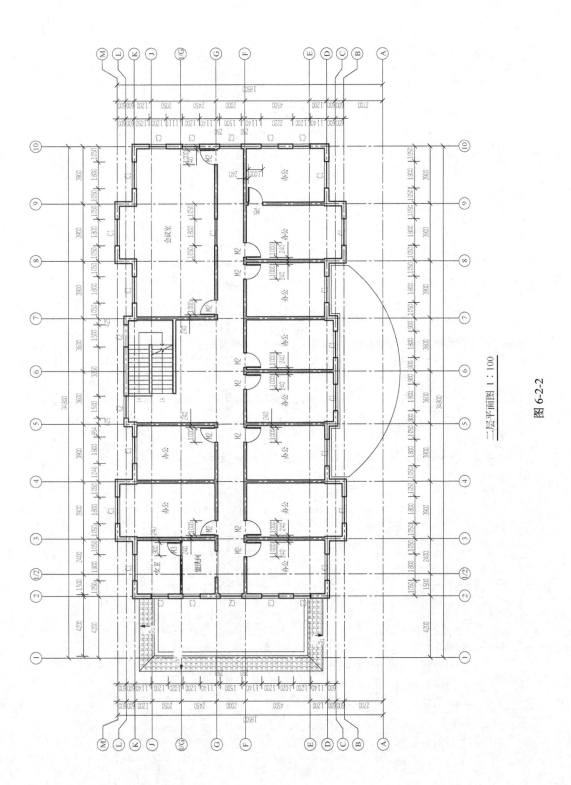

二层平面图 1：100

图 6-2-2

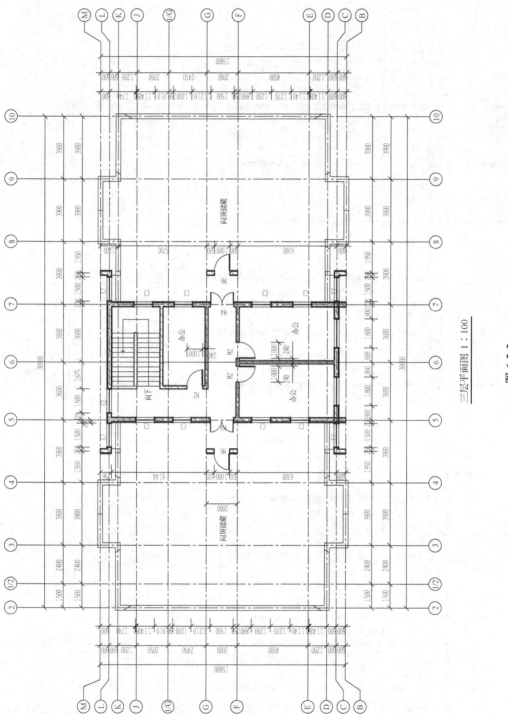

三层平面图 1：100

图 6-2-3

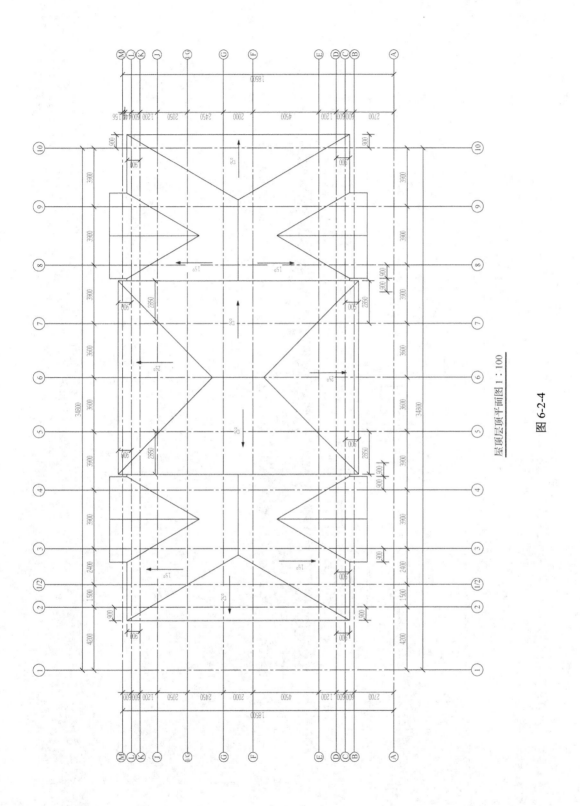

屋顶层顶平面图 1：100

图 6-2-4

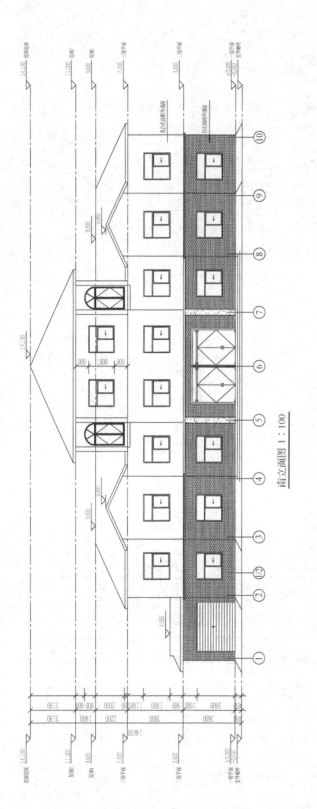

南立面图 1 : 100

图 6-2-5

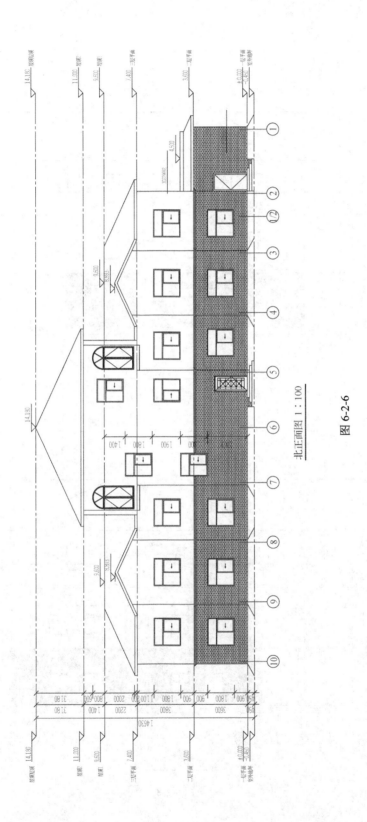

北正面图 1：100

图 6-2-6

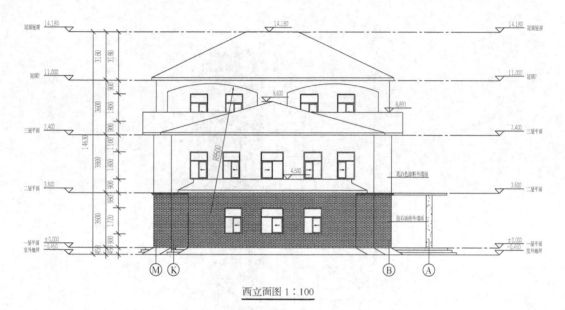

西立面图 1∶100

图 6-2-7

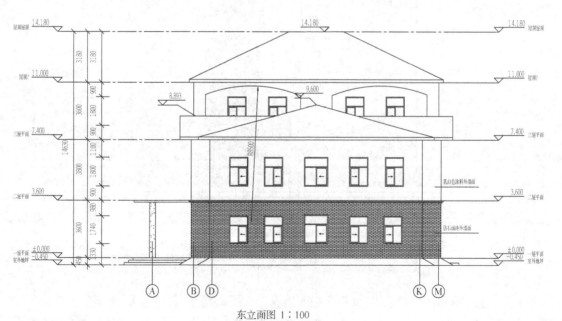

东立面图 1∶100

图 6-2-8

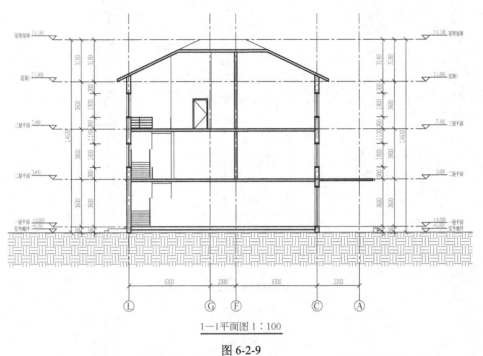

1—1平面图 1：100

图 6-2-9

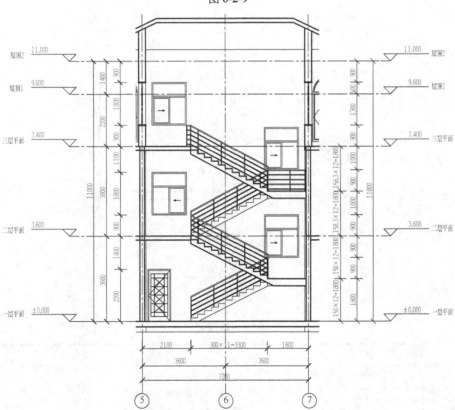

楼梯剖面图 1：100

图 6-2-10

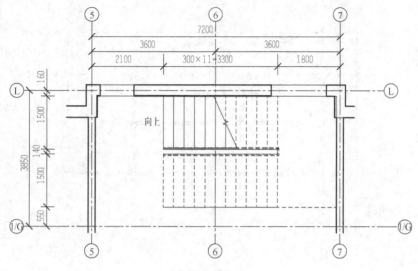

一层楼梯平面图 1：50

图 6-2-11

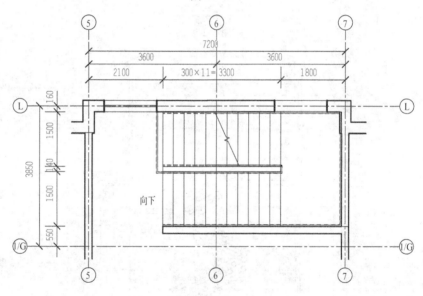

二层楼梯平面图 1：50

图 6-2-12

表 6-2-1　建筑做法表

部位		做法（由外向内）
屋面	屋面 1	（1）10mm 厚水泥彩瓦 （2）30mm 厚挤塑保温板 （3）3mm 厚 SBS 防水卷材 （4）15mm 厚水泥砂浆找平层 （5）110mm 厚 C20 现浇钢筋混凝土板

续表

部位		做法（由外向内）
外墙	东西南外墙	（1）12mm 厚 1∶3 水泥砂浆打底 （2）15mm 厚抗裂砂浆 （3）15mm 厚 HL 节能保温砂浆 （4）240mm 厚普通烧结砖 （5）20mm 厚水泥石灰砂浆打底
	北外墙	（1）12mm 厚 1∶3 水泥砂浆打底 （2）15mm 厚抗裂砂浆 （3）20mm 厚 HL 节能保温砂浆 （4）240mm 厚普通烧结砖 （5）20mm 厚水泥石灰砂浆打底
	女儿墙	（1）12mm 厚 1∶3 水泥砂浆打底 （2）240mm 厚普通烧结砖 （3）12mm 厚 1∶3 水泥砂浆抹面
内墙	内墙	（1）5mm 厚水泥砂浆抹面 （2）190mm 厚粉煤灰空心砖砌体 （3）5mm 厚水泥砂浆抹面
地面	地砖地面	（1）30mm 厚面层甲方自理 （2）40mm 厚 C20 细石混凝土 （3）3mm 厚撒绿豆砂一层粘牢 （4）2mm 厚以上刷冷底子油一道，热沥青二道防潮层 （5）60mm 厚 C15 混凝土 （6）100mm 厚碎石或碎砖夯实，灌 1∶5 水泥砂浆
楼面	楼面 1	（1）25mm 厚面层 （2）20mm 厚 1∶3 水泥砂浆找平层 （3）120mm 厚 C20 现浇钢筋混凝土板
	楼面 2（用于卫生间）	（1）25mm 厚面层 （2）30mm 厚 C20 细石混凝土 （3）1.8mm 厚聚氨酯涂抹二遍 （4）20mm 厚 1∶3 水泥砂浆找平层 （5）120mm 厚 C20 现浇钢筋混凝土板
结构柱	Z-400	C20 混凝土
室外	散水-800	C20 混凝土
	腰线	石膏

表 6-2-2　门窗表

序号	门窗编号	洞口尺寸（宽×高）/mm×mm	段面等级	樘数	备注
1	JLM	3300×2600		1	铝合金卷帘门购成品甲方自理
2	M1	2500×2950		2	地弹门
3	M2	1000×2200		26	仅留门洞

续表

序号	门窗编号	洞口尺寸（宽×高）/mm×mm	段面等级	樘数	备注
4	M3	900×2200		2	仅留门洞
5	M4	1500×2200		2	仅留门洞
6	M5	1000×2200		1	防盗门
7	M6	1000×2000		2	木门
8	C1	1800×1800	90 系列	28	塑钢推拉窗窗台高 900 中空玻璃
9	C2	1500×1800	90 系列	8	塑钢推拉窗窗台高 900 中空玻璃
10	C2a	1500×1720	90 系列	1	塑钢推拉窗窗台高 900 中空玻璃
11	C3	1200×1800	90 系列	20	塑钢推拉窗窗台高 900 中空玻璃
12	C3a	1200×1720	90 系列	2	塑钢推拉窗窗台高 900 中空玻璃
13	C4	2400×1800	90 系列	1	塑钢推拉窗窗台高 900 中空玻璃

6.2.1　BIM 建模环境设置

1）启动 Revit 软件，调用"建筑样板"新建项目文件，单击"保存"按钮并命名为"办公楼.rvt"。

2）设置信息，单击"管理"选项卡中的"项目信息"按钮。在"项目属性"对话框中设置信息，单击"确定"按钮完成信息的添加，如图 6-2-13 所示。

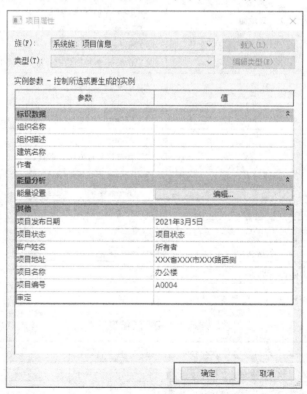

图 6-2-13

6.2.2　BIM 参数化建模

（1）标高轴网创建及修改

1）创建标高，在项目浏览器中双击"立面"视图中的"南"视图，根据"1-1 剖面图"先修改默认标高，将鼠标指针放置到要修改的标高上，双击即可进入修改状态，将标高 2 由原来"4.000"改为"3.600"，如图 6-2-14 所示。

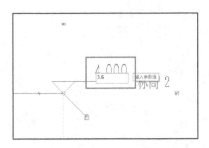

图 6-2-14

2）创建 7.400m、9.760m、11.000m、13.700m 和-0.450m 标高线，单击"建筑"选项卡中的"标高"按钮，在标高 2 上，从左对齐到右对齐创建标高 3，依此类推再创建其他 5 条标高平面线，如图 6-2-15 所示。

图 6-2-15

3）创建轴网，在项目浏览器中双击"楼层平面"视图中的"一层平面"视图，单击"建筑"选项卡中的"轴网"按钮。在"属性"设置任务窗格中单击"编辑类型"按钮，修改类型为"6.5mm 编号"，选中"平面视图轴号端点 1（默认）"复选框，在"修改 | 放置 轴网"上下文选项卡中单击"直线"按钮，根据一层平面图创建轴网，如图 6-2-16 所示。

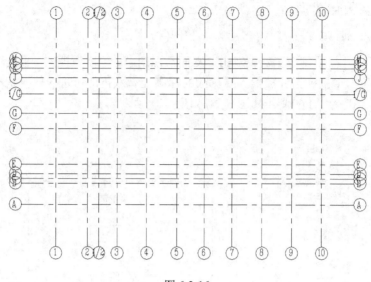

图 6-2-16

（2）墙创建及修改

1）创建墙体，在项目浏览器中双击"楼层平面"视图中的"一层平面"视图，单击"建筑"选项卡中的"墙"下拉按钮，在下拉列表中选择"墙：建筑"命令，单击"属性"设置任务窗格中的"编辑类型"按钮，默认"常规-200mm"类型墙体，复制新类型，命名为"东西南外墙"，如图 6-2-17 所示。

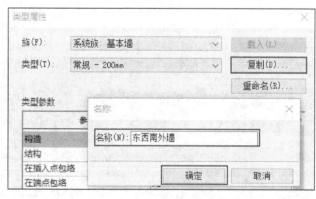

图 6-2-17

2）编辑墙材质，单击墙"类型属性"对话框中"结构"栏右侧的"编辑"按钮，弹出"编辑部件"对话框，进行墙体构造层材质的添加，如图 6-2-18 所示。

选择"东西南外墙"类型并复制新类型，命名为"北外墙"，将其中"HL 节能保温砂浆"厚度修改为 20，如图 6-2-19 所示。用同样的方式修改内墙，如图 6-2-20 所示。

图 6-2-18

图 6-2-19　　　　　　　　　　　　　　　　图 6-2-20

　　3）根据一层平面图，在"修改 | 放置 墙"上下文选项卡中单击"直线"按钮，在"属性"设置任务窗格中设置"底部限制条件"为"一层平面"，"顶部约束"为"二层平面"，选择不同类型墙体创建外墙、内墙，效果如图 6-2-21 所示。

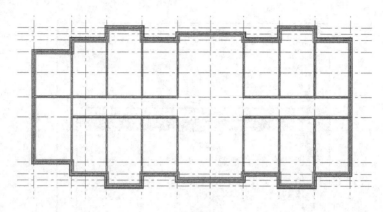

图 6-2-21

【提示】当模型中出现对称情况时，可使用镜像命令，如本案例中建筑内墙 2~5 轴与 7~10 轴布置相同，选中已经创建完成的内墙，单击"修改 | 放置 墙"上下文选项卡中的"镜像-拾取轴"按钮，单击绘图区 6 轴，快速生成对称墙体。

一层内外墙创建完成后三维效果如图 6-2-22 所示。

图 6-2-22

（3）门创建及修改

1）创建门，如 M1。在项目浏览器中双击"楼层平面"视图中的"一层平面"视图，单击"建筑"选项卡中的"门"按钮，弹出"修改 | 创建门"上下文选项卡，单击"模式"面板中的"载入族"按钮，弹出"载入族"对话框，依次选择"建筑"文件夹→"门"文件夹→"地弹门"文件夹→"双扇地弹玻璃门 1 - 带亮窗.rfa"文件，单击"打开"按钮，将族载入到项目中，如图 6-2-23 所示。

图 6-2-23

2）单击"属性"设置任务窗格中的"编辑类型"按钮，弹出"类型属性"对话框，在对话框中复制新类型，命名为"M1-2500×2950"，修改对应尺寸，单击"确定"按钮完成编辑，如图 6-2-24 所示。将鼠标指针移动到（5～7）×C 轴墙中，上下移动鼠标指针可以看到临时放置门的位置以及方向，对照图纸方向一致后单击，完成门的放置，如图 6-2-25 所示。

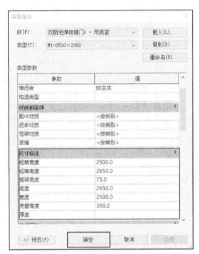

图 6-2-24

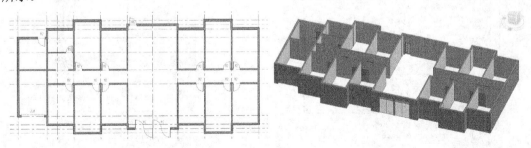

图 6-2-25

3）根据上述创建门方法和参数的调整方法，完成一层平面门的创建，如图 6-2-26 所示。

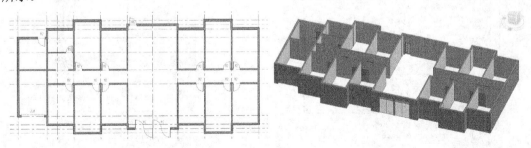

图 6-2-26

（4）窗创建及修改

1）创建窗，如 C1。在项目浏览器中双击"楼层平面"视图中的"一层平面"视图，单击"建筑"选项卡中的"窗"按钮，自动进入"修改 | 创建窗"上下文选项卡，单击"模式"面板中的"载入族"按钮，弹出"载入族"对话框，在对话框中依次选择"建筑"文件夹→"窗"文件夹→"普通窗"文件夹→"组合窗"文件夹→"组合窗 - 双层单列（固定+推拉）.rfa"文件，单击"打开"按钮，如图 6-2-27 所示。

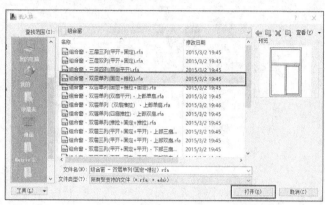

图 6-2-27

2）单击"属性"设置任务窗格中的"编辑类型"按钮，弹出"类型属性"对话框，在对话框中复制新类型，命名为"C1-1800×1800"，修改对应尺寸，单击"确定"按钮完成编辑，如图 6-2-28 所示。将鼠标指针移动到（2～3）×D 轴墙中，上下移动鼠标指针可以看到临时放置窗的位置以及方向，对照图纸方向一致后单击，完成窗的放置，如图 6-2-29 所示。

图 6-2-28

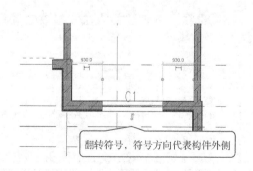

图 6-2-29

选中创建完成的窗，在"属性"设置任务窗格中调整"底高度"为"900.0"，如图 6-2-30 所示。

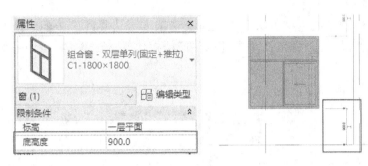

图 6-2-30

参考图纸完成一层窗的创建，如图 6-2-31 所示。

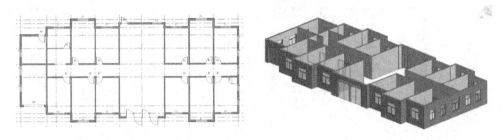

图 6-2-31

（5）楼板创建及修改

1）创建楼板，在项目浏览器中双击"楼层平面"视图中的"一层平面"视图，单击"建筑"选项卡中的"楼板"下拉按钮，在下拉列表中选择"楼板：建筑"命令。根据图纸所示，一层平面底板为 235mm 厚，单击"属性"设置任务窗格中的"编辑类型"按钮，弹出"类型属性"对话框，在对话框中复制新类型，命名为"地砖地面-235mm"，修改结构厚度、设置材质方法参考墙材质添加，单击"确定"按钮完成编辑，如图 6-2-32 所示。

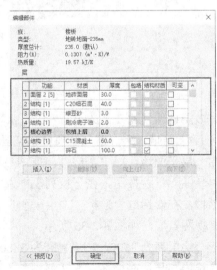

图 6-2-32

2）选择"修改 | 创建楼板边界"上下文选项卡"边界线"中的"拾取墙"命令，将鼠标指针靠近外墙内边缘依次单击外墙生成楼板边界，创建的楼板边界线如图 6-2-33 所示。

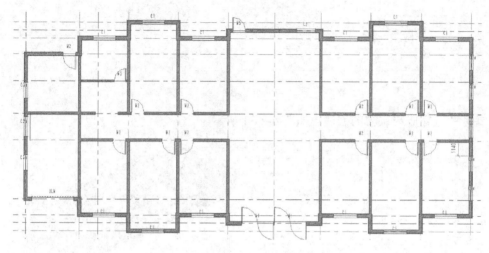

图 6-2-33

3）单击选项卡中的"完成编辑模式"按钮生成楼板，直接切换至三维视图查看，如图 6-2-34 所示。

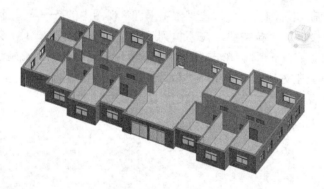

图 6-2-34

（6）多层构件创建及修改

1）创建二层墙、门、窗。在项目浏览器中双击"楼层平面"视图中的"一层平面"视图，选中一层平面墙、门、窗构件，单击"修改 | 选择多个"上下文选项卡"剪切板"面板中的"粘贴"下拉按钮，在下拉列表中选择"与选定的标高对齐"命令，弹出"选择标高"对话框，在对话框中选择"二层平面"选项，单击"确定"按钮，完成编辑。直接切换至三维视图查看，如图 6-2-35 所示。

由于一层层高为 3600，二层层高为 3800，一层复制到二层层高不会发生变化，需要手动调整，选中二层所有墙体，在"属性"设置任务窗格中修改"顶部偏移"为"0.0"，如图 6-2-36 所示。

图 6-2-35

底部延伸距离	0.0		底部延伸距离	0.0
顶部约束	直到标高：三层平面		顶部约束	直到标高：三层平面
无连接高度	3600.0		无连接高度	3800.0
顶部偏移	-200.0		顶部偏移	0.0

图 6-2-36

根据二层平面图修改墙体、门窗属性，修改完成直接切换至三维视图查看，如图 6-2-37 所示。

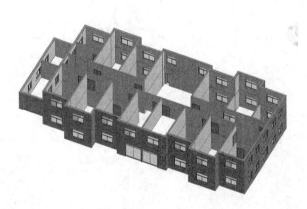

图 6-2-37

2）创建二层楼板。在项目浏览器中双击"楼层平面"视图中的"二层平面"视图，单击"建筑"选项卡中的"楼板"下拉按钮，在下拉列表中选择"楼板：建筑"命令。根据图纸可知，二层楼板有两种类型，单击"属性"设置任务窗格中的"编辑类型"按钮，弹出"类型属性"对话框，在对话框中复制两个新类型，分别命名为"楼面 1""楼面 2"；在对话框中单击"结构"右侧的"编辑"按钮，弹出"编辑部件"对话框，在对话框中修改结构厚度、材质，单击"确定"按钮，完成编辑，如图 6-2-38 所示。

选择"楼面 1"类型，单击"修改 | 创建楼板边界"上下文选项卡"边界线"中的"拾取墙"按钮，将鼠标指针靠近外墙内边缘依次单击外墙生成楼板边界，创建的楼板边界线如图 6-2-39 所示。

图 6-2-38

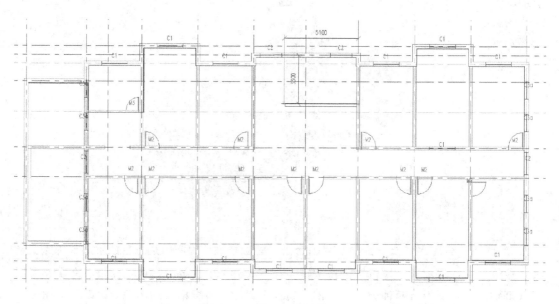

图 6-2-39

单击选项卡中的"完成编辑模式"按钮，在弹出的对话框中单击"否"按钮生成楼板，如图 6-2-40 所示。

图 6-2-40

选择"楼面 2"类型，在卫生间创建楼板边界线，并在"属性"设置任务窗格中设置"自标高的高度偏移"为"-30.0"，如图 6-2-41 所示。

3）创建三层墙、门、窗，参考创建二层墙、门、窗的方法，创建完成后切换至三维视图查看，如图 6-2-42 所示。

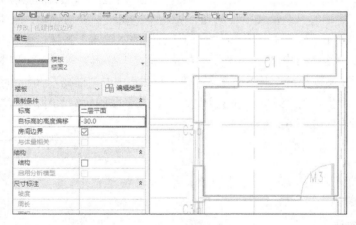

图 6-2-41

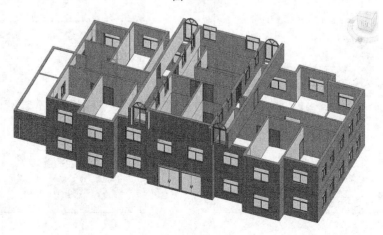

图 6-2-42

4）创建三层楼板，参考创建二层楼板的方式，完成后三维效果如图 6-2-43 所示。

图 6-2-43

（7）屋面创建及修改

1）创建二层屋顶。在项目浏览器中双击"楼层平面"视图中的"三层平面"视图，单击"建筑"选项卡中的"屋顶"下拉按钮，在下拉列表中选择"迹线屋顶"命令。单击"属性"设置任务窗格中的"编辑类型"按钮，弹出"类型属性"对话框，在对话框中复制新类型，命名为"屋面 1"；单击对话框"结构"右侧的"编辑"按钮，弹出"编辑部件"对话框，在对话框中修改结构厚度、材质，单击"确定"按钮完成编辑，如图 6-2-44 所示。选择"修改 | 创建屋顶迹线"上下文选项卡"边界线"中的"直线"命令。屋顶外悬挑 900，在选项栏设置"悬挑"为"900"，快速创建边界，按平面图所给尺寸，沿轴线顺时针方向，绘制一个迹线轮廓，如图 6-2-45 所示。

图 6-2-44

图 6-2-45

迹线轮廓需要创建一个封闭的轮廓，单击"修改 | 创建屋顶迹线"上下文选项卡中的"修剪/延伸为角"按钮，将未封闭的轮廓线进行修剪，如图 6-2-46 所示。根据屋顶平面图在"属性"设置任务窗格中设置屋顶迹线的"坡度""定义屋顶坡度"，如图 6-2-47 所示。

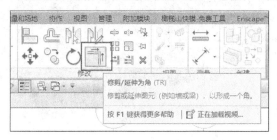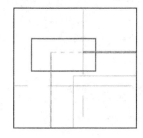

图 6-2-46

图 6-2-47

单击选项卡中的"完成编辑模式"按钮生成屋面。对于右侧相同的屋面，单击"修改"选项卡中的"镜像"按钮，完成屋面的创建。切换至三维视图查看创建完成的屋面，如图 6-2-48 所示。

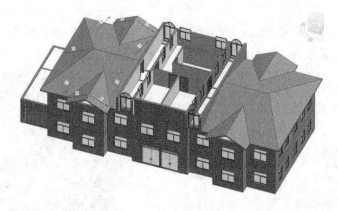

图 6-2-48

2）创建三层屋顶。在项目浏览器中双击"楼层平面"视图中的"屋顶 2"视图，根据上述屋面创建方法创建三层屋顶，四周放坡，坡度为 25°，如图 6-2-49 所示。

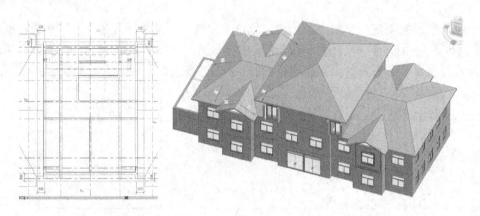

图 6-2-49

3）创建一层车库屋顶。创建轮廓线，三面坡度设置为 25°，一层车库屋顶创建完成后，切换至三维视图查看，如图 6-2-50 所示。

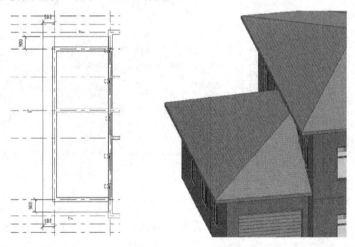

图 6-2-50

一层车库屋顶修改，需要为屋顶增设截断标高，选中创建完成的屋顶，在"属性"设置任务窗格中设置"截断标高"为"二层平面"、"截断偏移"为"500.0"，如图 6-2-51 所示。

图 6-2-51

创建一层车库屋顶女儿墙模型。在项目浏览器中双击"楼层平面"视图中的"二层平面"视图，单击"建筑"选项卡中的"墙"下拉按钮，在下拉列表中选择"墙：建筑"命令，在"编辑部件"对话框中设置女儿墙参数，在"属性"设置任务窗格中设置高度限制条件，"定位线"设置为"面层面：外部"，"底部限制条件"设置为"二层平面"，"顶部约束"设置为"直到标高：二层平面"，"顶部偏移"设置为"900.0"，如图 6-2-52 所示。

图 6-2-52

单击"修改 | 墙"上下文选项卡中的"直线"按钮，沿屋顶上线进行女儿墙的创建，创建完成后在三维视图中查看，如图 6-2-53 所示。

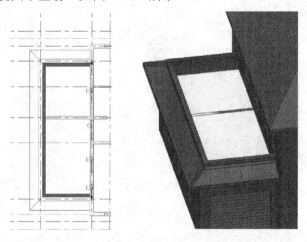

图 6-2-53

4）修改屋顶层墙体高度。选中三层屋顶层部分墙体，单击"修改 | 选择多个"上下文选项卡中的"过滤器"按钮，选中"墙体"复选框，单击"确定"按钮，单击"修改 | 墙"上下文选项卡中的"附着顶部/底部"按钮，单击选择附着到的对象屋顶。

根据上述相同的操作方法，将墙体附着到对应的高度，相关墙体附着后三维效果如图 6-2-54 所示。

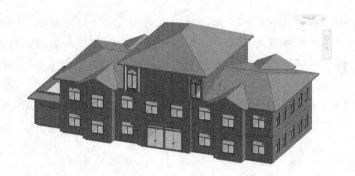

图 6-2-54

（8）修改外立面

根据立面图可知，一层外立面为仿石面砖外墙面，二、三层外立面为白色乳胶漆外墙面，依次选中一层东、西、南外立面和北立面。

1）单击"属性"设置任务窗格中的"编辑类型"按钮，弹出"类型属性"对话框，在对话框中复制新类型，命名为"东西南外立面"，类型修改为"一层东西南外立面"，设置结构构造材质，依次选择"材质库"→"AEC 材质"→"石料"→"花岗岩，挖方，抛光"，单击"将材质添加到文档中"按钮。在"项目材质"中复制"仿石面砖外墙面"，在"编辑部件"对话框中设置厚度为 10，如图 6-2-55 所示。单击"确定"按钮，完成参数添加。

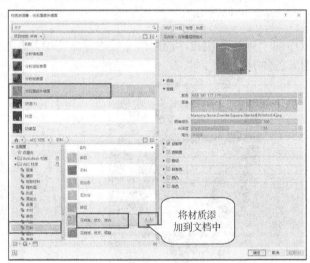

图 6-2-55

按照上述修改方法，修改一层北立面，二、三层东西南立面，二、三层北立面，修改完成后，切换至三维视图查看，如图 6-2-56 所示。

2）修改三层外立面墙体轮廓，根据图纸可知（4～5）×（B～M）轴、（7～8）×（B～M）轴墙体轮廓为弧形。

在项目浏览器中双击"立面"视图中的"东立面"视图，选中墙体，选择"修改｜墙"上下文选项卡"编辑轮廓"中的"细线"命令进行轮廓创建，如图 6-2-57 所示。

图 6-2-56

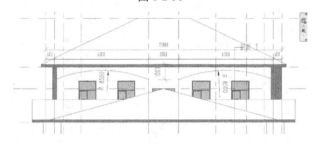

图 6-2-57

单击选项卡中的"完成编辑模式"按钮，完成墙轮廓的修改，直接切换至三维视图查看，如图 6-2-58 所示。

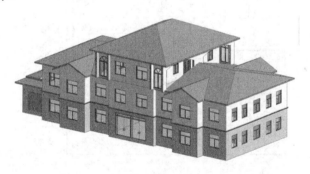

图 6-2-58

（9）楼梯创建及修改

1）创建楼梯。在项目浏览器中双击"楼层平面"视图中的"一层平面"视图，单击"建筑"选项卡中的"楼梯"下拉按钮，在下拉列表中选择"楼梯（按构件）"命令。

通过图纸获取定位、高度、几何尺寸等信息。本案例为双跑平行楼梯，采用四点建模法创建，即"第一梯段中心起始点""第一梯段中心终止点""第二梯段中心起始点""第二梯段中心终止点"。单击"修改 | 创建楼梯"上下文选项卡中的"参照平面"按钮，根据图纸查找上述四点距离轴线位置，如图 6-2-59 所示。

在"属性"设置任务窗格类型选择器中选择"整体浇筑楼梯"，根据楼梯 1—1 剖面图可知高度为 0.000～3.600m，在"限制条件"中设置"底部标高：一层""底部偏移：0.0""顶部标高：二层""顶部偏移：0.0"，在"尺寸标注"中设置"所需踢面数：24""实际踏板深度：300.0"，如图 6-2-60 所示。

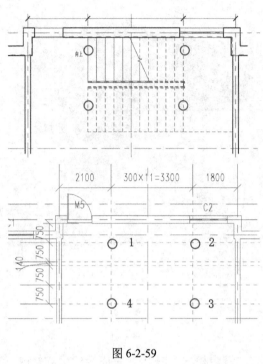

图 6-2-59

图 6-2-60

　　选择"修改｜创建楼梯"上下文选项卡"梯段"中的"直梯"命令，在选项栏设置"实际梯段宽度"为"1500"，选中"自动平台"复选框，创建梯段的同时会自动创建休息平台。依次单击四点进行建模。

　　在项目浏览器中双击"楼层平面"视图中的"二层平面"视图，利用同样的方式创建二层楼梯，设置修改参数，高度为 3.600～7.400m，在"限制条件"中设置"底部标高：二层""底部偏移：0.0""顶部标高：三层""顶部偏移：0.0"，其他参数与一层楼梯一致，利用四点建模法创建二层楼梯。

　　单击选项卡中的"完成编辑模式"按钮生成楼梯，选中楼梯，单击"修改｜楼梯"上下文选项卡中的"选择框"按钮，可切换至三维剖面框查看楼梯，如图 6-2-61 所示。

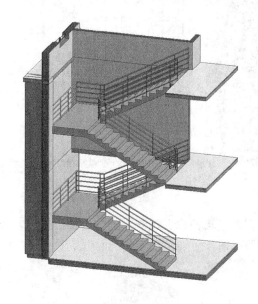

图 6-2-61

　　2）修改楼梯休息平台。软件自动生成的休息平台与设定的休息平台尺寸不符合，在项目浏览器中双击"楼层平面"视图中的"一层平面"视图，选中创建完成的楼梯，单击"修改｜楼梯"上下文选项卡中的"编辑楼梯"按钮。

　　选中休息平台，出现造型操控柄，将休息平台拖曳到设定的位置，用同样的方法继续调整二层楼梯的休息平台，如图 6-2-62 所示。

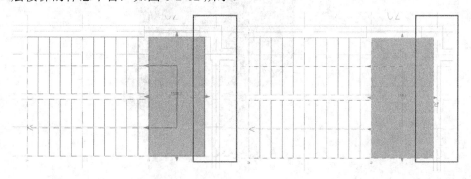

图 6-2-62

3）修改栏杆扶手。根据图纸需要调整三层栏杆扶手延伸到楼板边缘，在项目浏览器中双击"楼层平面"视图中的"三层平面"视图，选中栏杆扶手，选择"编辑路径"选项，自动进入"修改 | 栏杆扶手>绘制路径"上下文选项卡，单击选项卡中的"直线"按钮，根据图纸继续补充栏杆路径，如图 6-2-63 所示。

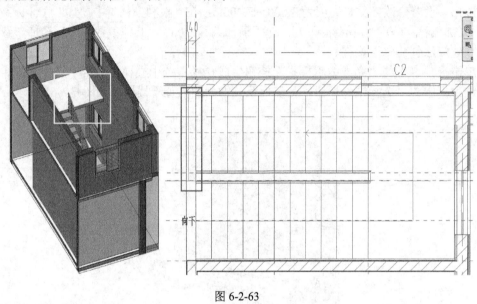

图 6-2-63

单击选项卡中的"完成编辑模式"按钮，选中楼梯、扶手，单击"修改 | 楼梯"上下文选项卡中的"选择框"按钮，可切换至三维剖面框查看楼梯，如图 6-2-64 所示。

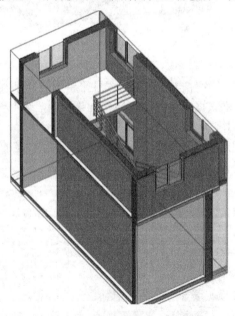

图 6-2-64

（10）室外构件创建及修改

1）创建腰线。在项目浏览器中双击"楼层平面"视图中的"二层平面"视图，选择"内建构件"命令，单击"建筑"选项卡中的"构件"下拉按钮，在下拉列表中选择"内建模型"命令。

在"族类别和族参数"对话框中设置"族类别"为"常规模型"，单击"确定"按钮，将内建模型命名为"腰线"，单击"确定"按钮后进入内建模型编辑器中，如图 6-2-65 所示。

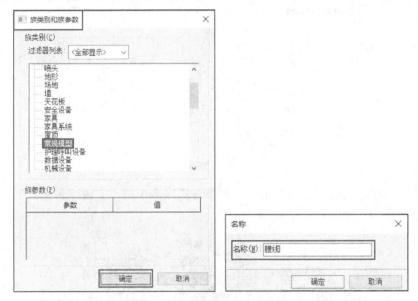

图 6-2-65

单击"创建"选项卡中的"放样"按钮。单击"修改 | 放样"上下文选项卡中的"绘制路径"按钮。单击"修改 | 放样>绘制路径"上下文选项卡中的"直线"按钮，沿着建筑外墙创建路径，如图 6-2-66 所示。

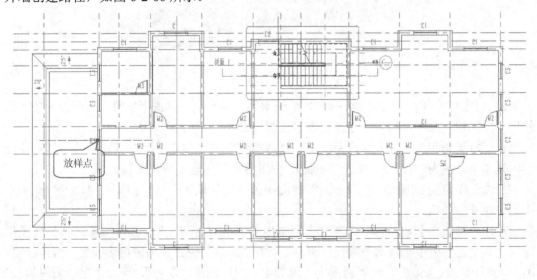

图 6-2-66

　　单击选项卡中"完成路径"按钮，单击"修改｜放样"上下文选项卡中的"编辑轮廓"按钮。在弹出的"转到视图"对话框中选择"立向：北"，单击"打开视图"按钮，单击"修改｜放样>编辑轮廓"上下文选项卡中的"直线"按钮，在绘图区找到路径"放线点"，在放样点创建轮廓，如图 6-2-67 所示。

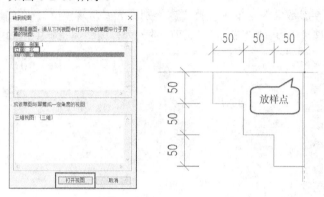

图 6-2-67

　　单击选项卡中的"完成轮廓"按钮，再单击选项卡中的"完成编辑模式"按钮，至此完成一次放样命令，如图 6-2-68 所示。

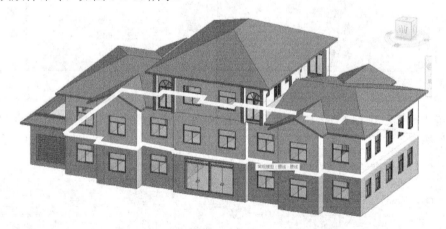

图 6-2-68

　　2）创建室外台阶，创建（4～8）×B 轴南侧户型台阶。单击"建筑"选项卡中的"构件"下拉按钮，在下拉列表中选择"内建模型"命令。

　　在"族类别和族参数"对话框中设置"族类别"为"常规模型"，单击"确定"按钮，将内建模型命名为"台阶"，单击"确定"按钮后进入内建模型编辑器中。

　　在项目浏览器中双击"楼层平面"视图中的"室外地坪"视图，单击"创建"选项卡中的"拉伸"按钮。

　　单击"修改｜创建拉伸"上下文选项卡中的"起点-终点-半径弧"按钮，按平面图所给尺寸对创建台阶中平台部分进行轮廓创建，在"属性"设置任务窗格中设置"拉伸起点：0.0""拉伸终点：450.0"，设置材质为"混凝土，现场浇注，灰色"，单击"完成编辑模式"

按钮，如图 6-2-69 所示。

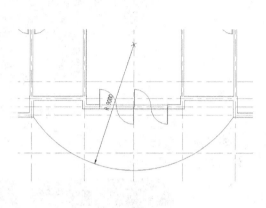

图 6-2-69

　　按平面图所给尺寸对创建台阶中台阶部分进行轮廓创建，单击"修改｜创建拉伸"上下文选项卡中的"拾取线"按钮，沿着台阶平台外轮廓线识别，识别完成后设置选项栏中的"偏移量"为"300.0"，将鼠标指针移动到前面识别出来的轮廓线上，上下移动鼠标指针在临时捕捉线的外侧单击完成识别，使用"直线"命令，将轮廓闭合。在"属性"设置任务窗格中进行参数设置，二级台阶设置"拉伸起点：0.0""拉伸终点：300.0"，一级台阶设置"拉伸起点：0.0""拉伸终点：150.0"，设置材质均为"混凝土，现场浇注，灰色"，如图 6-2-70 所示。

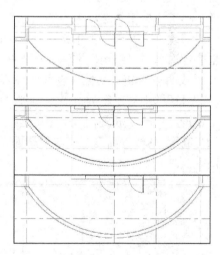

图 6-2-70

　　单击选项卡中的"完成编辑模式"按钮完成室外台阶的拉伸，直接切换至三维视图查看，如图 6-2-71 所示。

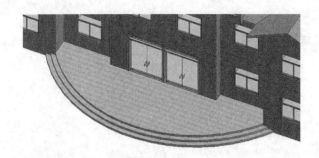

图 6-2-71

根据上述台阶的创建方法，继续创建北侧室外台阶，室外台阶创建完成后，切换至三维视图查看，如图 6-2-72 所示。

图 6-2-72

3）创建雨棚及雨棚支撑柱。在项目浏览器中双击"楼层平面"视图中的"一层平面"视图，单击"建筑"选项卡中的"柱"下拉按钮，在下拉列表中选择"柱：结构"命令。单击"修改|放置柱"上下文选项卡中的"载入族"按钮，弹出"载入族"对话框，在对话框中依次选择"结构"文件夹→"柱"文件夹→"混凝土"文件夹→"混凝土 - 圆形 - 柱.rfa"文件，单击"属性"设置任务窗格中的"编辑类型"按钮，弹出"类型属性"对话框，在对话框中创建新类型"Z-400"，单击"确定"按钮完成柱参数的设置。

单击"修改|放置柱"上下文选项卡中的"垂直柱"按钮，将选项栏中的"深度"修改为"高度"，设置高度至"二层平面"，在绘图区 5×A 轴、7×A 轴两点处单击放置柱，如图 6-2-73 所示。

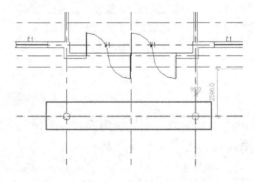

图 6-2-73

完成柱的创建，切换至三维视图查看，如图 6-2-74 所示。

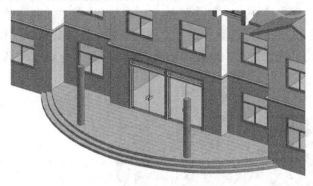

图 6-2-74

创建雨棚，在项目浏览器中双击"楼层平面"视图中的"二层平面"视图，单击"建筑"选项卡中的"楼板"下拉按钮，在下拉列表中选择"楼板：建筑"命令。单击"属性"设置任务窗格中的"编辑类型"按钮，弹出"类型属性"对话框，在对话框中复制新类型"南侧雨棚"；再单击"结构"右侧的"编辑"按钮，弹出"编辑部件"对话框，在对话框中设置"厚度：120.0""材质：混凝土，现场浇注，灰色"，单击"修改｜创建楼层边界"上下文选项卡中的"直线"按钮完成雨棚轮廓的创建，如图 6-2-75 所示。

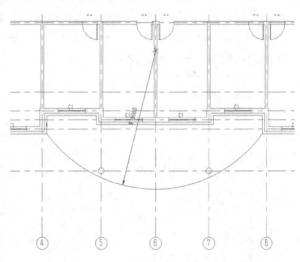

图 6-2-75

单击选项卡中的"完成编辑模式"按钮，完成雨棚的创建，直接切换至三维视图查看，如图 6-2-76 所示。

4）创建散水。单击"建筑"选项卡中的"构件"下拉按钮，在下拉列表中选择"内建模型"命令。

在"族类别和族参数"对话框中设置"族类别"为"常规模型"，单击"确定"按钮，将内建模型命名为"散水"，单击"确定"按钮后进入内建模型编辑器中。

在项目浏览器中双击"楼层平面"视图中的"室外地坪"视图，单击"创建"选项卡中的"放样"按钮。单击"修改 | 放样"上下文选项卡中的"绘制路径"按钮。单击"修改 | 放样>绘制路径"上下文选项卡中的"直线"按钮，先创建散水路径，如图 6-2-77 所示，单击选项卡中的"完成路径"按钮，单击"修改 | 放样"上下文选项卡中的"编辑轮廓"按钮。

图 6-2-76   图 6-2-77

弹出"转到视图"对话框，在对话框中选择"立面：东"，单击"打开视图"按钮，单击"修改 | 放样>编辑轮廓"上下文选项卡中的"直线"按钮，在绘图区找到路径"放线点"，在放样点创建轮廓，如图 6-2-78 所示。

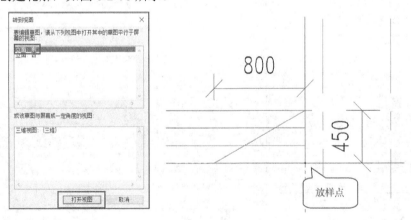

图 6-2-78

单击选项卡中的"完成轮廓"按钮，再单击选项卡中的"完成编辑模式"按钮，至此完成一次放样命令，用相同操作方法完成其他散水的创建，直接切换至三维视图查看，如图 6-2-79 所示。

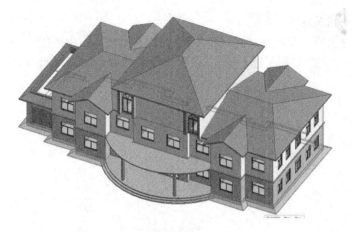

图 6-2-79

完成办公楼主体模型的创建，如图 6-2-80 所示。

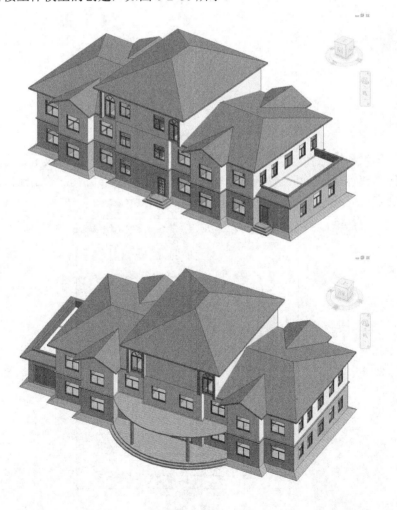

图 6-2-80

（11）场地创建及修改

1）创建场地模型。在项目浏览器中双击"楼层平面"视图中的"室外地坪"视图，单击"建筑"选项卡中的"参照平面"按钮，根据图纸场地外轮廓创建四条定位线，如图 6-2-81 所示。

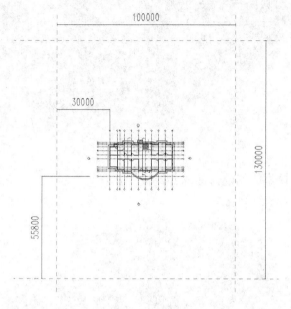

图 6-2-81

单击"体量和场地"选项卡中的"地形表面"按钮，单击"修改 | 编辑表面"上下文选项卡中的"放置点"按钮，并在选项栏中设置"高程：-450"，在绘图区依次单击参照平面的四个交点，完成地形表面的创建，如图 6-2-82 所示。

图 6-2-82

单击选项卡中的"完成表面"按钮，直接切换至三维视图查看，如图 6-2-83 所示。

图 6-2-83

2）创建道路。在项目浏览器中双击"楼层平面"视图中的"室外地坪"视图，单击"体量和场地"选项卡中的"子面域"按钮，自动进入"修改 | 创建子面域边界"上下文选项卡，单击选项卡中的"直线""圆角弧"等按钮，创建闭合道路边线，如图 6-2-84 所示。

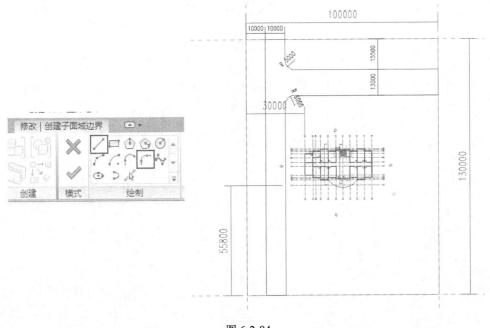

图 6-2-84

单击选项卡中的"完成表面"按钮，直接切换至三维视图查看，如图 6-2-85 所示。

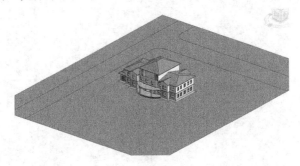

图 6-2-85

3）选中创建的地形，在"属性"设置任务窗格中设置"材质：草"，选中创建的子面域，在"属性"设置任务窗格中设置"材质：沥青"。

查看修改材质后的三维视图，如图 6-2-86 所示。

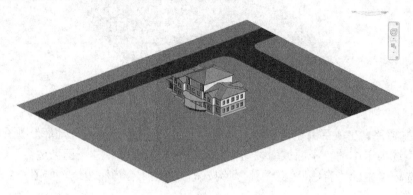

图 6-2-86

参 考 文 献

何凤，梁瑛，2018. 中文版 Revit 2018 完全实战技术手册[M]. 北京：清华大学出版社.

廖小烽，王君峰，2013. Revit 2013/2014 建筑设计火星课堂[M]. 北京：人民邮电出版社.

刘照球，2017. 建筑信息模型 BIM 概论[M]. 北京：机械工业出版社.

任青阳，陈悦，金双双，2018. 工程 BIM 概论[M]. 北京：人民交通出版社.

王鑫，2019. 建筑信息模型（BIM）建模技术[M]. 北京：中国建筑工业出版社.

王鑫，董羽，2019. Revit 建模案例教程[M]. 北京：中国建筑工业出版社.

徐勇戈，高志坚，孔凡楼，2018. BIM 概论[M]. 北京：中国建筑工业出版社.

叶雯，2016. 建筑信息模型[M]. 北京：高等教育出版社.

叶雯，路浩东，2017. 建筑信息模型（BIM）概论[M]. 重庆：重庆大学出版社.